全国高等职业教育系列教材　工程机械类专业

工程机械柴油发动机构造与维修

主编　卢　明
参编　冯春林　黄鹏超

机 械 工 业 出 版 社

本书以目前比较先进的供油共轨式柴油发动机为蓝本，在结构上采用了项目编排的方式，以"工作项目"为导向，以"任务驱动"为主线，注重综合职业能力的培养。本书根据柴油发动机维修岗位的工作内容，结合工程机械维修作业不同层次，内容包括：认识工程机械柴油发动机，柴油发动机曲柄连杆机构检修，柴油发动机配气机构检修，柴油发动机燃油供给系统检修，柴油发动机润滑系统检修，柴油发动机冷却系统检修，柴油发动机的总装、调整与磨合共七个项目。这些项目都是典型代表，具有很好的实用性、新颖性和先进性。本书将理论知识和实践操作融为一体，注重通过技能的训练引导学生学习。本书通俗易懂、深入浅出，注重实用。

本书适合高等院校、高职、高专工程机械专业及相关专业师生使用，还可以供工程机械维修技术人员及驾驶员以及柴油发动机技术爱好者参考阅读。

图书在版编目（CIP）数据

工程机械柴油发动机构造与维修/卢明主编. —北京：机械工业出版社，2013.11（2023.8 重印）

全国高等职业教育系列教材. 工程机械类专业

ISBN 978-7-111-44576-0

Ⅰ.①工… Ⅱ.①卢… Ⅲ.①工程机械-柴油机-构造-高等职业教育-教材②工程机械-柴油机-维修-高等职业教育-教材 Ⅳ.①TK42

中国版本图书馆 CIP 数据核字（2013）第 253688 号

机械工业出版社（北京市百万庄大街 22 号 邮政编码 100037）
策划编辑：王海峰 责任编辑：王海峰 杨 茜 版式设计：常天培
责任校对：张玉琴 封面设计：赵颖喆 责任印制：单爱军
北京虎彩文化传播有限公司印刷
2023 年 8 月第 1 版第 5 次印刷
184mm×260mm·11.5 印张·282 千字
标准书号：ISBN 978-7-111-44576-0
定价：46.00 元

电话服务　　　　　　　　网络服务
客服电话：010-88361066　　机　工　官　网：www.cmpbook.com
　　　　　010-88379833　　机　工　官　博：weibo.com/cmp1952
　　　　　010-68326294　　金　书　网：www.golden-book.com
封底无防伪标均为盗版　机工教育服务网：www.cmpedu.com

前言

为了贯彻落实国家教育规划纲要，深入实施高职示范建设工程，以提高学生专业素质为目标，以培养现代工程机械技术人员为目的，特编写本书。

工程机械常用柴油发动机作为动力，这种动力具有很强的产业关联度，它的技术进步被视为国家经济发展水平的重要标志。随着科学技术的进步，目前工程机械发动机已由一般的机械系统转变为机电一体化系统。各项技术不断地迅速进步，特别是在电子控制及信息通信方面的技术进步，不仅使工程机械的技术性能得到了改善和提高，而且在运行控制功能方面得到了充分的扩展。这种技术的进步使工程机械发动机的技术与原理变得越来越完善和复杂，结构与功能越来越精巧和可靠。这对我们高等职业教育的办学模式和人才培养理念提出了全新的要求。要求特别注重培养专业水平高，实践能力强，有较强的技术运用、推广、转换能力的应用型人才。此为编写本书的出发点。

本书以目前比较先进的供油共轨式柴油发动机为蓝本，在结构上采用了项目编排方式，以"工作项目"为导向，以"任务驱动"为主线，突出了综合职业能力培养。本书根据柴油发动机维修岗位的工作内容，结合工程机械维修作业不同层次，内容包括：认识工程机械柴油发动机，柴油发动机曲柄连杆机构检修，柴油发动机配气机构检修，柴油发动机燃油供给系统检修，柴油发动机润滑机构检修，柴油发动机冷却系统检修，柴油发动机的总装、调整与磨合共七个项目。这些项目是典型代表，具有很好的实用性、新颖性和先进性。本书将理论知识和实践操作融为一体，注重利用技能的训练引导学生学习。本书通俗易懂、深入浅出，注重实用。

本书在编写过程中，打破了传统教材编写的思路，解构原有的知识体系，将原有的知识体系与能力培养进行重构。本书采用了目前较先进的课程教学模式、教学内容、教学方法和手段，同时按生产现场展开教学。本书强调知识、能力、素质三者的整体结构优化，引导学生在收集和处理信息，制订和执行工作计划，实施和评估工作任务等教学环节中学习。本书还注重将技术训练和能力培养有机结合，使学生既掌握技术又锻炼职业素质能力。

本书编写得到了广西高等学校教学名师项目的资助，由柳州职业技术学院卢明教授担任主编，负责整体策划和统稿工作。书中项目一、项目二、项目三由冯春林编写，项目四和项目五由卢明编写，项目六、项目七由黄鹏超编写。书中附有教学课件和作业参考答案。本书在编写过程中得到了孟祥磊、李海青和陈晖等年轻教师的帮助和大力支持，在此表示真诚的谢意。

由于作者水平有限，书中难免有疏漏与不足之处，敬请专家、同行和读者批评指正（反馈邮箱：minglu2101@sina.com.）。

目录

绪　　论

本书以工程机械柴油发动机的结构与维修为主线，介绍了柴油发动机的构造、工作原理、常见的故障诊断及维修等知识。由于工程机械的动力一般是柴油发动机，这里就根据柴油发动机维修岗位的工作内容，结合工程机械维修作业不同层次，选取包括：认识工程机械柴油发动机；柴油发动机曲柄连杆机构检修；柴油发动机配气机构检修；柴油发动机燃油供给系统检修；柴油发动机润滑机构检修；柴油发动机冷却系统检修；柴油发动机的总装、调整与磨合共七个项目。

本书以目前比较先进的供油共轨式柴油发动机为蓝本，在结构上采用了项目编排方式，以"工作项目"为导向，以"任务驱动"为主线，突出了综合职业能力培养。这些项目的典型代表具有很好的实用性、新颖性和先进性。本书将理论知识和实践操作融为一体，注重利用技能的训练引导学生学习。本书通俗易懂、深入浅出、注重实用。

本书在编写过程中，打破了传统教材编写的思路，解构原来有的知识体系，将原来的知识体系与能力培养进行重构。本书采用了目前较先进的课程教学模式、教学内容、教学方法和手段，基本按生产现场展开。本书强调知识、能力、素质三者间整体结构优化，使学生在收集和处理信息、制订和执行工作计划、实施和评估工作任务等教学环节中学习。本书还注重技术训练和能力培养有机结合，使学生既掌握技术又锻炼职业素质能力。

一、课程内容设计

课程内容设计结构是以工作中常见的问题、信息的收集和处理（基础理论）、工作任务过程分析、任务的评估与检查、练习与网络资源五个环节主线贯穿。总课时量约 132 学时，可按具体情况增减，具体教学安排建议见表 0-1。

表 0-1　教学安排建议

项目名称	工作任务		课时分配
项目一　认识工程机械柴油发动机	任务工单 1	吊卸工程机械柴油发动机总成	4
	任务工单 2	柴油发动机的解体与检验	8
项目二　柴油发动机曲柄连杆机构检修	任务工单 1	柴油发动机机体组件检修	8
	任务工单 2	柴油发动机连杆组件检修	8
	任务工单 3	柴油发动机活塞组件检修	8
	任务工单 4	柴油发动机曲轴飞轮组件检修	8
项目三　柴油发动机配气机构检修	任务工单 1	柴油发动机配气机构认识	4
	任务工单 2	柴油发动机气门组件检修	8
	任务工单 3	柴油发动机配气传动机构检修	8
	任务工单 4	柴油发动机涡轮增压系统检修	8
	任务工单 5	柴油发动机气门调整	8

（续）

项目名称	工作任务	课时分配
项目四 柴油发动机燃油供给系统检修	任务工单1 柴油发动机燃油供给系统认识	4
	任务工单2 柴油发动机燃油供给系统检修	8
项目五 柴油发动机润滑系统检修	任务工单1 柴油发动机润滑系统认识	4
	任务工单2 柴油发动机润滑系统检修	8
项目六 柴油发动机的冷却系统检修	任务工单1 柴油发动机冷却系统认识	4
	任务工单2 柴油发动机冷却系统检修	8
项目七 柴油发动机的总装、调整与磨合	任务工单1 柴油发动机零部件清洗和归类	4
	任务工单2 柴油发动机总成装配、调试和磨合	12
合计		132

通过学习课程中的内容，读者将既能掌握工程机械柴油发动机的结构、原理，又能学习到柴油发动机的维修技能，并通过实际维修案例，将技能训练有机地结合起来。

二、课程目标设计

1. 能力目标

能拆装和解体柴油发动机的各个部分，具备查阅本专业相关技术资料的能力，并有处理技术资料信息能力；检测与了解柴油发动机的一般故障；运用技术资料解决一般典型故障；能识别柴油发动机相关配件；能参与柴油发动机的售后服务；能按维修企业的工艺与流程对柴油发动机进行维护。

2. 知识目标

了解柴油发动机新技术及发展等方面的专业知识，了解工程机械生产企业管理等方面知识；掌握柴油发动机的结构和原理，主要包括各个系统的功能及装配关系；熟悉柴油发动机维护的基本知识，掌握柴油发动机的拆装技能、零件检修和故障诊断工艺。

3. 知识目标和能力目标分解

根据课程总体布局，按项目的工作任务设置知识目标和能力目标进行分解，见表0-2。

表0-2　知识目标和能力目标分解表

序号	工作任务	知识目标	能力、技能目标	培养步骤与考核内容
1	吊卸工程机械柴油发动机总成	掌握柴油发动机安装位置、分类、编号规则、常用术语和相关技术参数	按规范安全使用吊卸工具设备实施吊卸作业	按规范安全使用吊卸工具、设备并吊卸柴油发动机
2	柴油发动机的解体与检验	掌握柴油发动机整机的工作原理、结构组成和附件组成	按工艺步骤正确地使用常用工具对柴油发动机附件进行拆卸和检查	了解工、量具使用方法 拆卸零件摆放到位 实施柴油发动机解体
3	柴油发动机机体组件检修	掌握柴油发动机机体组件的作用、结构组成、工作原理、类型、材料等	按工艺步骤正确地使用工具实施柴油发动机机体组件检修	实施柴油发动机机体组件检修 正确地使用工具、量具做好量缸操作

（续）

序号	工作任务	知识目标	能力、技能目标	培养步骤与考核内容
4	柴油发动机连杆组件检修	掌握连杆组件的作用、结构组成、工作原理、类型、材料等	按工艺步骤正确地使用量具检测连杆并做好连杆校正	实施连杆组件拆装 正确做好连杆校正
5	柴油发动机活塞组件检修	掌握活塞组件的作用、结构组成、工作原理、类型、材料等	按工艺步骤实施活塞组件拆装和检修	实施柴油发动机活塞组件检修
6	柴油发动机曲轴飞轮组件检修	掌握曲轴飞轮组件的作用、结构组成、工作原理、类型、材料等	按工艺步骤正确地使用工具拆检曲轴飞轮组件拆装和检修	实施柴油发动机曲轴飞轮组件检修
7	柴油发动机配气机构认识	掌握配气机构的作用、结构组成、工作原理等	按工艺步骤正确地使用工具拆检柴油发动机配气机构	实施柴油发动机配气机构的外观检查
8	柴油发动机气门组件检修	掌握气门组件的作用、结构组成、工作原理、类型、材料等	正确使用研磨工具研磨气门	实施柴油发动机气门组件检修
9	柴油发动机配气传动机构组件检修	掌握配气传动机构的作用、结构组成、工作原理、类型、材料等	按工艺步骤正确地使用工具拆检气门传动组件	实施柴油发动机配气传动机构组件检修
10	柴油发动机涡轮增压系统检修	掌握涡轮增压系统的作用、结构组成、工作原理、类型、材料等	正确维护和修理涡轮增压系统	实施柴油发动机涡轮增压系统检修
11	柴油发动机气门调整	气门间隙概念	正确地使用工具调整气门间隙	实施柴油发动机气门间隙检测和调整
12	柴油发动机燃油供给系统认识	掌握供油系统的作用、结构组成、工作原理、类型、材料等	按工艺步骤正确地使用工具拆检柴油发动机供油系统	实施柴油发动机燃油供给系统外观检查
13	柴油发动机燃油供给系统检修	柴油的牌号及性能	典型供油系统故障分析及排除	实施柴油发动机燃油供给系统检修
14	柴油发动机润滑系统认识	掌握润滑系统的作用、结构组成、工作原理、类型、材料等	按工艺步骤正确地使用工具拆检润滑系统	实施柴油发动机润滑系统的外观检查
15	柴油发动机润滑系统检修	润滑油的种类、性能和选用方式	排除润滑系统典型故障，分析故障原因及维护方法	实施柴油发动机润滑系统的检修
16	柴油发动机冷却系统认识	掌握冷却系统的作用、结构组成、工作原理、类型、材料等 熟悉冷却系统的大循环、小循环和综合循环	按工艺步骤正确地使用工具拆卸和检查冷却系统	实施柴油发动机冷却系统的外观检查
17	柴油发动机冷却系统检修	冷却液的种类、性能和选用注意事项	排除冷却系统典型故障，分析故障原因及维护方法	实施柴油机冷却系统的检修
18	柴油发动机零部件清洗和归类	清洗方式零件的分类摆放，零件清洗的技术	按工艺步骤清洗零件，并按要求摆放	实施柴油发动机零部件清洗和归类摆放
19	柴油发动机总成装配、调试和磨合工艺	柴油发动机的装配工艺及技术要求	按工艺步骤正确地使用工具实施柴油发动机总成装配	实施柴油发动机总成装配 叙述竣工检验技术要求

4. 素质目标

培养学生：具有适应未来教育的各种能力；能够用职业岗位规范指导自己的工作和行为；具有爱岗敬业的工作态度，吃苦耐劳的奉献精神；具有社会发展所要求的创新意识、竞争意识、开放意识与合作意识；具有正确的人生观和世界观。

三、课程考核方案设计

课程考核按照 19 个任务工单中内容进行考核，即每完成一个任务都进行独立的考核，考核要求按培养目标要求进行。各个任务工单的考核权重见表 0-3。教师对学生的考核应注意：除了考核训练结果外，还要考核训练时的态度以及训练时在团队中发挥的作用大小。

表 0-3　任务工单的考核权重表

序号	考　核　内　容	考核权重
1	吊卸工程机械柴油发动机总成	5%
2	柴油发动机的解体与检验	5%
3	柴油发动机机体组件检修	5%
4	柴油发动机连杆组件检修	5%
5	柴油发动机活塞组件检修	5%
6	柴油发动机曲轴飞轮组件检修	5%
7	柴油发动机配气机构认识	5%
8	柴油发动机气门组件检修	5%
9	柴油发动机配气传动机构组件检修	5%
10	柴油发动机涡轮增压系统检修	5%
11	柴油发动机气门调整	5%
12	柴油发动机燃油供给系统认识	5%
13	柴油发动机燃油供给系统检修	5%
14	柴油发动机润滑系统认识	5%
15	柴油发动机润滑系统检修	5%
16	柴油发动机冷却系统认识	5%
17	柴油发动机冷却系统检修	5%
18	柴油发动机零部件清洗和归类	5%
19	柴油发动机总成装配、调试和磨合工艺	10%
	合计	100%

四、教学资源设计

（1）实习场地　面积大于 500m²，配有 380V、220V 及 12V 电源，消防设施齐全。

（2）设备名称　康明斯柴油发动机 4 台，发动机拆装反转台架 4 台，龙门吊机（4t）4 台，多媒体教学系统 2 套。

（3）工具　柴油发动机大修工具 4 套（每套含：150mm 千分尺 1 把、500mm 钢直尺 1

把、300mm 游标卡尺 1 把；量缸表 1 副；塞尺 2 把；磁性座百分表 1 副；500mm² 平板 1 块；接油盘若干个和研磨砂 5 盒等）。

（4）教学师资　具有 5 年以上柴油发动机机维修企业实践工作经验，中级职称（含）以上双师型教师任课。

五、教学建议

本课程是工程机械专业必修的专业技术课程，是基于工程机械发动机维修的工艺过程而编写的，其工艺流程和课程排序是一致的。在教学中要根据教学目标、专业特点、课程性质、学生情况和适中的难易程度来安排教学内容。本书将柴油发动机的原理、结构、检修、维护合为一体进行编写。在训练时最理想状态是采用小班化教学，每班不超过 20 人。在学习时可按企业工作过程来培养学生。通过项目训练，使学生体会到"做中学、学中做"的一体化教学氛围。教学过程要注重与学生的职业生涯发展相结合，教学过程中要渗透职业能力训练，在潜移默化中使学生职业能力得到提升。课程内容的选择应与行业要求相适应，教学中科学设计教学方案，选择与运用好教学媒体，合理灵活运用各种教学方法，引导学生积极思考、乐于实践。

项目一
认识工程机械柴油发动机

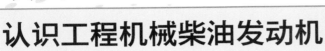

任务工单1　吊卸工程机械柴油发动机总成

1.1　工作中常见问题

1）按所用的燃料分类，柴油发动机可分为哪几类？
2）按冷却方式分类，柴油发动机可以分为哪几类？
3）康明斯发动机型号标识"6BTA5.9-C165"表示什么含义？
4）上柴发动机型号标识"6135ZK-4b"表示什么含义？
5）潍柴发动机型号标识"WD61567G3-36"表示什么含义？

1.2　相关知识

1. 柴油发动机在工程机械上安装的位置

柴油发动机在工程机械上安装的位置：一般工程机械的发动机安装于驾驶员的后方。因为柴油发动机质量大、体积大，所以经常被安装在驾驶员后方，以防止阻碍驾驶员的视线。推土机和压路机需要理用发动机的重量进行压制工作，所以常采用发动机安装于驾驶员前方的设计方案，具体情况见表1-1。

表1-1　柴油发动机在工程机械上安装的位置

序号	工程机械名称	柴油发动机在工程机械上安装的位置
1	装载机	

（续）

序号	工程机械名称	柴油发动机在工程机械上安装的位置
2	挖掘机	
3	推土机	
4	叉车	
5	压路机	

（续）

序号	工程机械名称	柴油发动机在工程机械上安装的位置
6	平地机	
7	铣刨机	
8	摊铺机	

2. 工程机械柴油发动机分类

工程机械柴油发动机分为很多类型，可以按气缸数分类，可以按冷却方式分类，可以按气缸排列方式分类，可以按进气系统是否采用增压方式分类，还可以按每个气缸中的气门数来分类。

（1）按气缸数分类　柴油发动机缸体中仅有一个气缸的称为单缸柴油发动机，如图1-1所示；有两个以上气缸的称为多缸柴油发动机，如图1-2所示。常见多缸发动机有双缸、三缸、四缸、五缸、六缸、八缸、十二缸等。工程机械柴油发动机多采用四缸、六缸、八缸、十二缸发动机。农业用小型拖拉机通常采用单缸柴油发动机。

（2）按冷却方式分类　在柴油发动机的气缸壁附件有很多零件的温度非常高，柴油发动机需要冷却系统对这些重要部件进行冷却。根据冷却方式不同，柴油发动机可以分为水冷式和风冷式两种。水冷式柴油发动机是利用在气缸体和气缸盖冷却系统中进行循环的冷却液作

图 1-1 单缸柴油发动机

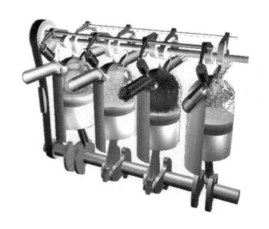

图 1-2 多缸柴油发动机

为冷却介质进行冷却的柴油发动机，如图 1-3 所示。水冷式柴油发动机冷却均匀，工作可靠，冷却效果好，被广泛地应用于工程机械柴油发动机。风冷式柴油发动机是利用流动于气缸体与气缸盖外表面散热片之间的空气作为冷却介质进行冷却的柴油发动机，如图 1-4 所示。

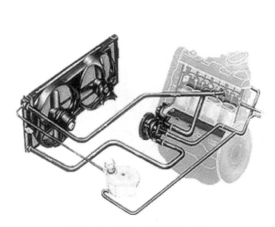

图 1-3 水冷式柴油发动机

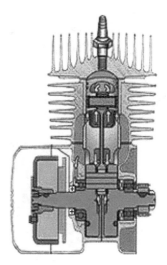

图 1-4 风冷式柴油发动机

（3）按气缸排列方式分类 柴油发动机由于气缸的布置形式不同，而形成气缸排列方式不同。按柴油发动机气缸排列方式不同，可以分为直列式柴油发动机和双列式柴油发动机。直列式柴油发动机的各个气缸排成一列，如图 1-5 所示，一般是垂直布置的，但为了降低高度，有时也把气缸布置成倾斜的甚至水平的。双列式柴油发动机是把气缸排成两列，如图1-6所示，两列之间的夹角小于 180°（一般为 90°）称为 V 型发动机，若两列之间的夹角为180°则称为对置式发动机。单缸发动机可分为立式与卧式，多缸发动机可分为 V 型与对置式。

（4）按进气系统是否采用增压方式分类 柴油发动机的进气形式有两种，即自然吸气式柴油发动机和涡轮增压式柴油发动机。如果柴油发动机进气系统中不安装增压器，进气系

图 1-5　直列式柴油发动机

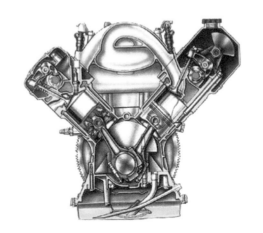

图 1-6　双列式柴油发动机

统的空气通过活塞的抽吸作用进入气缸内的柴油发动机，称为自然吸气式柴油发动机（或非增压式柴油发动机），如图 1-7 所示。如果柴油发动机进气系统中装有涡轮增压器，进气系统中的空气通过涡轮增压器提高进气压力的柴油发动机，称为涡轮增压式柴油发动机，如图 1-8 所示。工程机械柴油发动机为了提高功率一般采用涡轮增压式柴油发动机。

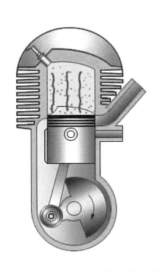

图 1-7　自然吸气式柴油发动机

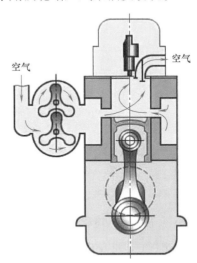

图 1-8　涡轮增压式柴油发动机

　　（5）按每个气缸中的气门数分类　柴油发动机的每个气缸内都安装有进气门和排气门。将每个气缸中只设有 1 个进气门和 1 个排气门的柴油发动机，称为双气门柴油发动机，如图 1-9 所示。若为每缸中设有 2 个进气门和 2 个排气门的柴油发动机，则称为四气门柴油发动机，如图 1-10 所示；或者每个气缸中设有 3 个进气门和 2 个排气门的柴油发动机，则称为五气门柴油发动机。

图 1-9　双气门柴油发动机

图 1-10　四气门柴油发动机

3. 柴油发动机的编号规则

在国内有很多柴油发动机生产企业，一般各个企业有各自编号规则，编号规则并不统一。以下选取一些生产柴油发动机的典型企业，介绍其柴油发动机的编号规则。

（1）上海柴油机股份有限公司　柴油发动机型号　上柴 6135ZK-4b，符号意义如下：

上柴——上海柴油机股份有限公司生产；

6——六缸；

135——缸径为 135mm；

Z——涡轮增压；

K——工程机械用；

4b——变形代号。

（2）潍柴动力股份有限公司　柴油机型号　潍柴 WD61567G3-36，符号意义如下：

潍柴——潍柴动力股份有限公司生产；

W——水冷形式；

D——柴油发动机；

6——六缸；

15——单缸排量为 1.5L；

67——机体变形代号；

G——工程机械用；

3-36——系列变形代号。

（3）康明斯柴油发动机公司柴油发动机型号　康明斯 6CTA8.3-C215，符号意义如下：

康明斯——美国康明斯柴油发动机公司生产；

6——六缸；

C——C 系列柴油发动机；

T——进气涡轮增压；

A——进气冷却；

8.3——柴油发动机排量8.3L；

C——工程机械用；

215——额定功率为215马力[⊖]。

（4）玉林柴油机厂柴油发动机型号 YC6112，符号意义如下：

YC——玉林柴油发动机厂产品；

6——六缸；

112——缸径为112mm。

4. 柴油发动机的常用术语

柴油发动机的各个常用术语代表很多含义，了解这些柴油发动机常用术语对于理解柴油发动机的各种资料非常有必要。柴油发动机的常用术语具体含义见表1-2。

表1-2　柴油发动机的常用术语表

名称	意义	图示
上止点	活塞顶离曲轴中心线最远的位置	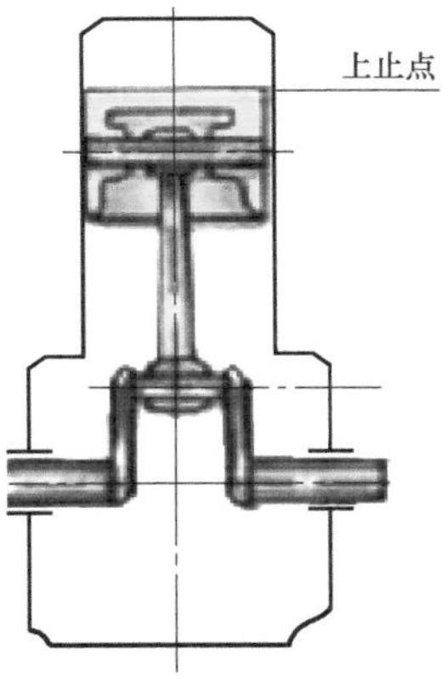 ![上止点图]
下止点	活塞顶离曲轴中心线最近的位置	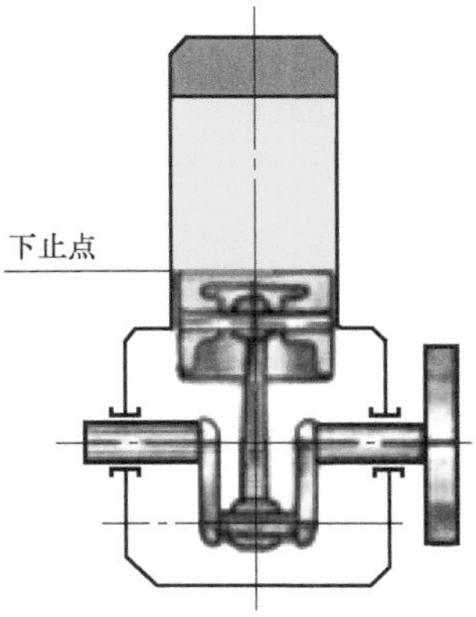 ![下止点图]

⊖ 马力为非法定计量单位，1马力 = 735.499W。

（续）

名　称	意　　义	图　　示
活塞行程（S）	上下止点间的距离 $S=2R$	上止点 行程 下止点 $S=2R$
气缸工作容积（V_h）	活塞由上止点到下止点运动扫过的空间容积	上止点 下止点 工作容积
燃烧室容积（V_c）	活塞在上止点时活塞顶与气缸盖中间的容积	上止点 燃烧室容积 下止点

（续）

名　称	意　义	图　示
气缸总容积（V_a）	活塞在下止点时其上方的全部容积 $V_a = V_c + V_s$	
发动机工作容积（排量 V_L）	发动机全部气缸工作容积之和	$V_L = V_{s1} + V_{s2} + V_{s3} + V_{s4} + V_{s5} + \cdots + V_{si}, i$ 为气缸数
压缩比	气缸总容积与燃烧室容积之比 $\varepsilon = V_a/V_c$；汽油机压缩比为 $6 \sim 10$；柴油发动机的压缩比为 $16 \sim 22$。康明斯柴油发动机"6CTA8.3-C215"的压缩比为 17.9:1	

5. 工程机械柴油发动机的相关技术参数

工程机械柴油发动机的主要性能指标有动力性指标（有效转矩、有效功率、转速等），燃油经济性指标（燃油消耗率），运转性能指标（排气品质、噪声和起动性能等）。

（1）动力性指标

1）有效转矩。柴油发动机通过飞轮对外输出的转矩称为有效转矩。有效转矩与外界施加于柴油发动机曲轴上的阻力矩相平衡。

2）有效功率。柴油发动机通过飞轮对外输出的功率称为有效功率，单位为 kW。它等于有效转矩与曲轴角速度的乘积。柴油发动机的有效功率可以用台架试验方法测定，也可用测功器测定有效转矩和曲轴角速度，然后运用公式计算柴油发动机的有效功率。柴油发动机产品铭牌上标明的功率及相应转速，称为额定功率和额定转速。按照柴油发动机可靠试验方法的规定，柴油发动机应能在额定工况下连续运行 $300 \sim 1000$h。

（2）燃油经济性指标　发动机每发出 1kW 有效功率，在 1h 内所消耗的燃油质量，单位为 g，称为燃油消耗率。很明显，燃油消耗率越低，燃油经济性越好。柴油发动机的性能是随着许多因素变化的，其变化规律称为柴油发动机特性。

（3）运转性能指标　柴油发动机的运转性能指标主要指排气品质、噪声、起动性等。

1）排气品质。柴油发动机的排气中含有对人体有害的物质，它对大气的污染已形成公害。柴油发动机排出的有害排放物，主要有氮氧化合物（NO_x）、碳氢化合物（HC）和一氧化碳（CO）等以及排气颗粒。美国联邦汽车排放法规 FTP 是目前世界上最严的标准，其规定 1994 年后轿车排放必须满足：氮氧化合物（NO_x）小于 0.16g/km；碳氢化合物（HC）小于 0.25g/km 和一氧化碳（CO）小于 2.11g/km；排气颗粒小于 0.05g/km 的排放标准。

2）噪声。噪声过大会刺激神经，使人心情烦躁，反应迟钝，甚至耳聋，诱发高血压和神经系统的疾病。汽车是城市主要的噪声源之一，发动机又是汽车的主要噪声源，故必须加以控制。我国的噪声标准中规定，轿车的噪声不得大于 82dB（A）。

3）起动性。起动性能好的发动机在一定温度下能可靠发动、起动迅速，起动消耗的功率小，起动磨损少。发动机起动性能的好坏除与发动机结构有关外，还与发动机工作过程相联系，它直接影响汽车机动性、操作者的安全和劳动强度。我国标准规定，不得采用特殊的低温起动措施，汽油发动机在 −10℃、柴油发动机在 −5℃ 以下的气温条件下起动发动机，15s 以内发动机要能自行运转。

6. 龙门吊机（4t）使用注意事项

龙门吊是起重机的一种，龙门吊外形如图1-11所示。工程机械柴油发动机的吊卸与安装经常采用龙门吊协助完成。要正确使用龙门吊（4t），掌握其使用方法和注意事项，才能顺利完成工程机械柴油发动机的吊卸与安装任务。

（1）龙门吊（4t）的使用

1）较重的零部件（25kg 以上）一定要使用龙门吊吊起。

图1-11　龙门吊

2）如果用龙门吊不能平稳地从机器上吊下零件，应检查该部件固定到相关部件的所有紧固件是否拆下。

3）检查是否有与要拆卸零件相干扰的零件。

（2）龙门吊的钢丝绳的使用注意事项

1）根据载荷，参照表1-3，钢丝绳允许载荷对照表（标准"Z"或"S"未镀锌扭曲钢丝绳），选择使用合适的钢丝绳。允许载荷值按所用钢丝绳断裂强度的 1/6 或 1/7 估算。

表1-3　钢丝绳允许载荷对照表（标准"Z"或"S"未镀锌扭曲钢丝绳）

钢丝绳直径/mm	允许载荷/kN	钢丝绳直径/mm	允许载荷/kN
10	9.8	20	43.1
11.2	13.7	22.4	54.9
12.5	15.7	30	98.1
14	21.6	40	176.5
16	27.5	50	274.6
18	35.3	60	392.2

2）尽可能把钢丝绳挂在吊钩中间。如果钢丝绳挂得靠近吊钩边缘，起吊时可能导致钢丝绳从吊钩上脱落，造成严重的事故。吊钩最大强度在中部，载荷最大；最小强度在吊钩边缘，载荷最小，具体钢丝绳位置与载荷分析如图1-12所示。

3）不要只用一根钢丝绳吊起重物，最好用两根或多根钢丝绳对称地缠绕在重物上。用一根钢丝绳吊重物可能使吊物在起吊过程中转动，松动钢丝绳，或使钢丝绳从载荷上缠绕的原位脱落，可能导致危险事故发生。

4）不要在吊钩形成较大悬挂角度下起吊重物。若用两根或多根钢丝绳起吊重物，每根

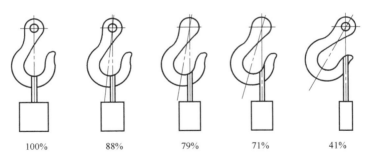

图 1-12　钢丝绳位置与载荷分析

钢丝绳所承受的力的单位为 kN，随悬挂角度的增大而增加，具体起吊角度与钢丝绳受力分析如图 1-13 所示。

图 1-13　起吊角度与钢丝绳受力分析

7. 发动机拆装检修防止事故的措施

（1）一般预防措施

1）操作机器前应仔细阅读操作和保养标准，误操作非常危险。

2）进行润滑或修理前，应阅读固定在机器上各标牌里的所有预防措施。

3）进行任何操作时，应始终穿安全鞋和戴安全帽，不要穿宽松的工作服或无纽扣的工作服。

4）用锤子敲打零件时，应始终戴防护镜。

5）用砂轮磨零件时，应始终戴防护镜。

6）如果需要焊接修理，应由受过培训的、经验丰富的焊工做此工作。进行焊接时，应始终戴安全手套、围裙、手持护目罩、戴帽子和穿着其他适合于焊接工作的衣服。

7）与两个或多个工人一起操作时，应在操作前商定操作步骤。开始每一个操作步骤前应通知你的同伴。开始工作前，应将"正在进行修理"的牌子挂在驾驶员室里的控制台上。

8）所有工具应保存良好，并掌握正确使用它们的方法。

9）在修理车间里选一块地方存放工具和拆下的零件，应始终将工具和零件正确摆放。应始终保持工作区的清洁并确保地面上无尘土或油污。

10）只在提供的吸烟区吸烟，切勿在工作时吸烟。

（2）准备工作预防措施

1）在加油或修理前，应将机器停放在坚硬的水平地面上，并挡住车轮或履带以防机器移动。

2）开始工作前，应将平铲、松土器、铲斗或其他工作装置降到地面上。如果情况不允许，应插入安全销或使用楔块以防工作装置落下。此外，一定要锁住所有操纵杆并挂上警告标志。

3）解体或装配时，工作前应使用垫块、千斤顶或支架支撑住机器。

4）从台阶或其他供人上下机器的地方清除泥土和油污，上下机器时应始终利用扶栏、梯子或台阶。不要在机器上跳上或跳下，如不能使用扶栏、梯子或台阶，应使用台架提供安全的落脚点。

（3）工作期间预防措施

1）当拆卸润滑油滤芯盖、放油螺塞或液压测量塞时，应慢慢地松开它们以防油喷出。分离或拆下油、水或空气回路中的元件前，首先应完全释放回路中的压力。

2）当发动机停止时回路中的水和油还处于高温，故应小心不要被烫伤。应等待油和水冷却下来后再对油或水回路进行维修工作。

3）在开始维修前，从蓄电池箱里拆下接线端子，首先应拆下负极端子。

4）当起吊较重的组件时，应使用提升机或起重机。确认钢丝绳、链条和吊钩确实无损坏。应始终使用有足够提升力的起重设备。将起重设备安装在正确的地方，使用提升机或起重机时应慢慢地操作以防被起吊组件碰到其他零部件。不要在提升机或起重机还在起吊时对任何部件进行维修。

5）当拆下承受内压或弹簧压力的盖子时，应留下对角位置处的两个螺栓。慢慢地释放压力，然后慢慢地拧下螺栓。

6）拆卸组件时，小心不要弄断或损坏线路，损坏的线路会引起着火。

7）拆卸管路时，应阻止燃油或润滑油流出。如有燃油或润滑油滴在地面上，应立刻擦干净。地面上的燃油或润滑油会使人滑倒，甚至导致火灾。

8）通常不应使用汽油清洗零部件，特别是清洗电器元件时，只允许使用最少量的汽油。

9）一定要将所有零件安装回原位。并用新零件更换损坏的零件。

10）安装软管和导线时，应保证在机器工作时，不被其他零件擦伤。

11）安装高压软管时，确保软管不被扭曲。损坏的管子是有危险的，故安装高压回路的管子时应特别小心。此外还应确认连接件安装正确。

12）当装配或安装零件时，应始终用规定的拧紧力矩拧紧。当安装防护件，如防护装置或剧烈振动或以高速旋转的零件时，应特别小心，以确认这些零件已正确安装。

13）两个孔对准时，应小心，千万勿插入手指或手，也不要让手指卡在孔里。

14）测量液体压力时，进行测量前应确认一下测量工具确实正确装配。

15）拆卸或安装履带型机器的履带时应当心：拆卸履带时，履带会突然分离，因此严禁人站在履带的任何一端。

1.3　柴油发动机吊卸施工

1. 柴油发动机吊卸施工准备

（1）工具与设备准备

1）常用工具1套。

2）龙门吊机（4t）1台。

3）枕木10块。

4）钢丝绳2条。

5）工程机械1台。

6）发动机修复台架 1 台。

（2）理论知识准备

1）观察发动机是柴油发动机还是汽油发动机，简述其区别。

2）观察发动机由几个气缸组成。简述判断方法。

3）观察发动机的排列方式。简述判断方法。

4）观察发动机的冷却方式。简述判断方法。

5）读取该发动机的编号。

6）解释该发动机编号的含义。

7）解释发动机的功能作用。

8）该发动机用于哪些工程机械？具体有哪些吨位或型号？

9）发动机起吊注意事项有哪些？

10）用于起吊该发动机的起重机选用哪些吨位和挡位？

2. 柴油发动机吊卸施工作业

1）拆下蓄电池的负极线，如图 1-14 所示。

2）拆下车头上所有插头、电线插头，如图 1-15 所示，并依次做好记号。

3）拆除车头悬架，拆下翻转机构左右连动杆螺栓，然后卸下车头。

4）将散热器及发动机内的冷却液放出，如图 1-16 所示。

5）拆下散热器的所有连接水管。

6）拆下散热器的固定螺栓，卸下散热器、百叶窗、护风罩。

7）拆下发电机导线，并做好记号。

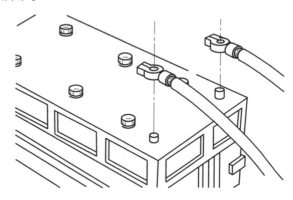

图 1-14 拆负极线

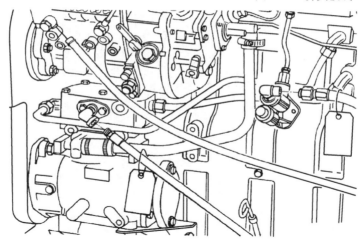

图 1-15 拆插头

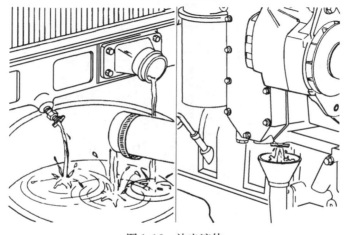

图 1-16 放出液体

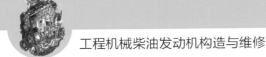

8）拆下起动机导线，并在与继电器和喷油器的连接处做好记号。

9）拆下喷油器。

10）拆下冷却液传感器、润滑油压力传感器、润滑油压力报警传感器等处的导线。

11）拆下空气压缩机与储气筒的连接气管和进气软管。

12）拆下油管。

13）拆下油门控制拉杆及回位弹簧。

14）拆下离合器操纵拉杆连接销。

15）拆下前围挡板。

16）拆下飞轮壳与车架的搭铁线。

17）拆下排气管及消声器。

18）拆下传动轴和变速器。

19）拆下发动机3个悬置点的固定螺栓。

20）起吊发动机，将发动机从工程机械上起吊，如图1-17所示，注意发动机重量为：325～350kg（715-770Ib）；410～440kg（910-970Ib）。

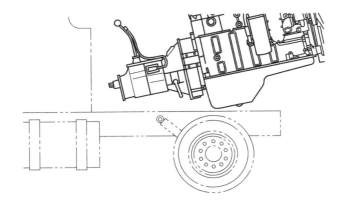

图1-17　起吊发动机

21）吊运发动机，将发动机从工程机械上吊运到修复台架处，如图1-18所示。

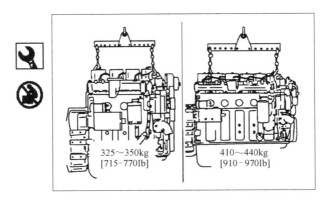

图1-18　吊运发动机

22）将发动机安装到修复台架上，如图 1-19 所示。

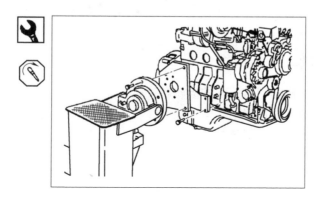

图 1-19　安装发动机到修复台上

1.4　任务的评估与检查

柴油发动机吊卸施工评估与检查表，见表 1-4。

表 1-4　柴油发动机吊卸施工评估与检查表

专业班级		学号		姓名		
考核项目		柴油发动机吊卸				
考核项目	评分标准	教师评判			分值	评分
劳动态度（10%）	是否按照作业规范要求实施	是 □		否 □	10 分	
现场管理（30%）	工作服装是否合乎规范	是 □		否 □	5 分	
	有无设备事故	无 □		有 □	10 分	
	有无人身安全事故	无 □		有 □	10 分	
	是否保持环境清洁	是 □		否 □	5 分	
实践操作（50%）	工、量具和物品是否备齐	充分 □		有缺漏□	10 分	
	检测内容及操作	检测操作	正确□	有错漏□	10 分	
			熟练□	生疏□	10 分	
		检测数据记录及分析判断			20 分	
工作效率（10%）	作业时间是否超时	否□		是□	10 分	
合计						

任务工单 2　柴油发动机的解体与检验

2.1　工作中常见问题

1）四冲程柴油发动机的四个行程的运转顺序是什么？
2）柴油发动机的两大机构包括什么？
3）柴油发动机的四大系统包括什么？
4）柴油发动机的附件包括哪些？
5）柴油发动机的各个附件的功能作用有哪些？

2.2　相关知识

1. 柴油发动机工作原理

四冲程柴油发动机的运转是按进气行程、压缩行程、做功行程和排气行程的顺序不断循环反复的，四冲程柴油发动机单个工作循环是由进气行程、压缩行程、做功行程和排气行程四个行程组成。

（1）进气行程　随着四冲程柴油发动机的曲轴运转，活塞从上止点向下止点运动，此刻排气门关闭，进气门打开，新鲜空气从进气通道进入气缸，这个过程叫进气行程，如图 1-20 所示。进气行程开始时，活塞位于上止点；随着活塞下移，气缸内容积增大，压力减小，当压力低于大气压时，气缸内产生真空吸力，在真空吸力作用下纯空气通过进气门被吸入气缸；直至活塞向下运动到下止点，进气行程结束。在进气行程中，受空气滤清器、进气管道等阻力影响，进气行程结束时，气缸内气体压力略低于大气压，为 0.0785 ~ 0.0932MPa，同时受到残余废气和高温机件加热的影响，温度达到 30 ~ 100℃。

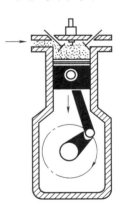

图 1-20　进气行程

（2）压缩行程　随着四冲程柴油发动机的曲轴继续旋转，活塞从下止点向上止点运动，此刻进气门和排气门都关闭，气缸内形成了封闭的容积，随着活塞往上运动，密封的空气受到压缩，这个过程称为压缩行程，如图 1-21 所示。压缩行程中压力和温度不断升高，当活塞到达上止点时压缩行程结束。此时气体的压力和温度主要随压缩比的大小而定，密封空气的压力可达 3.5 ~ 4.5MPa，温度可达 450 ~ 700℃。

（3）做功行程　随着四冲程柴油发动机的曲轴继续运转，达到下一个行程，称为做功行程，如图 1-22 所示。在做功行程中，进气门和排气门仍然保持关闭，喷油器喷入柴油燃烧爆炸，气体推动活塞下行对外做功。做功行程包括燃烧过程和膨胀过程，做功行程开始时，活塞位于上止点，喷油器喷入高压柴油，并雾化扩散，高压雾化柴油遇到高温高压的气体立即燃烧爆炸，混合气燃烧爆炸然后放出大量的热量，使气缸内的气体的温度和压力急剧升高，最大压力可达 3 ~ 5MPa，最高温度可达 1900 ~ 2500℃，这个过程称为燃烧过程；接下来是膨胀过程，膨胀过程是高温高压气体膨胀，推动活塞从上止点向下止点运动，通过连杆使曲轴旋转对外做功。随着活塞向下运动，气缸内部的容积增加，气体的压力和温度降低，

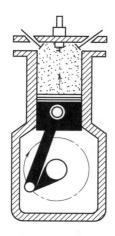

图 1-21　压缩行程

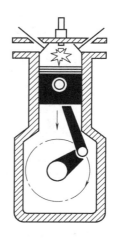

图 1-22　做功行程

当活塞运动到下止点时，做功行程结束，气体的压力降低到 0.3～0.5MPa，气体的温度降低到 1000～1300℃。

（4）排气行程　随着四冲程柴油发动机的曲轴继续运转，达到下一个行程，称为排气行程，如图 1-23 所示。在排气冲程中，排气门开启，进气门仍然关闭，气缸内燃烧后生成的废气从排气门排出气缸，以便进行下一个循环的进气行程。在排气行程开始时，废气靠的自身压力先进行自由排气，当活塞由下止点向上止点运动时，废气在活塞的强制下排出到气缸外；当活塞到达上止点后，排气门关闭，排气行程结束。由于燃烧室容积的存在，不可能将废气全部排出气缸，所以在气缸内有小部分废气残留进入下一个工作循环。受排气阻力的影响，排气行程结束时，气体压力略高于大气压力，为 0.105～0.115MPa，温度为 600～900℃。

（5）循环　随着曲轴继续旋转，活塞又从上止点向下止点运动，又开始进入下一个柴油发动机工作循环的进气行程。可见四冲程柴油发动机由进气行程、压缩行程、做功行程、排气行程四个行程完成一个柴油发动机工作循环，如图 1-24 所示。四冲程柴油发动机的一

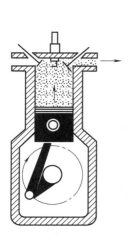

图 1-23　排气行程

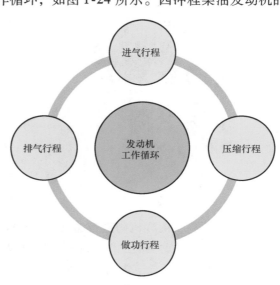

图 1-24　发动机工作循环

个发动机工作循环中包括活塞在上止点和下止点之间往复运动两次，完成四个行程，相连的曲轴旋转两圈。四冲程柴油发动机的发动机工作循环的关键特征，见表1-5。

表1-5　四冲程柴油发动机的发动机工作循环的关键特征

序号	行程名称	活塞运动	进气门运动	排气门运动
1	进气行程	自上而下	开启	关闭
2	压缩行程	自下而上	关闭	关闭
3	做功行程	自上而下	关闭	关闭
4	排气行程	自下而上	关闭	开启

2. 柴油发动机构造组成

柴油发动机是一种由许多机构和系统组成的复杂机器，如图1-25所示。无论是四冲程柴油发动机，还是二冲程柴油发动机；无论是单缸柴油发动机，还是多缸柴油发动机，要完成能量转换，实现工作循环，保证长时间连续正常工作，都必须具备一些机构和系统。这些机构和系统是柴油发动机的两大机构和四大系统，即曲柄连杆机构、配气机构、燃料供给系统、润滑系统、冷却系统和起动系统。

（1）曲柄连杆机构　曲柄连杆机构是柴油发动机实现工作循环，完成能量转换的主要运动零件。曲柄连杆机构，如图1-26所示，由机体组、活塞连杆组和曲轴飞轮组等组成。在做功行程中，活塞承受燃气压力在气缸内做直线运动，通过连杆转换成曲轴的旋转运动，并从曲轴对外输出动力。而在进气、压缩和排气行程中，飞轮释放能量又把曲轴的旋转运动转化成活塞的直线运动。

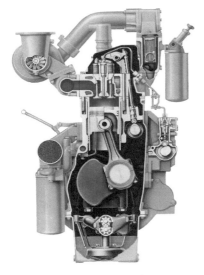

图1-25　柴油发动机

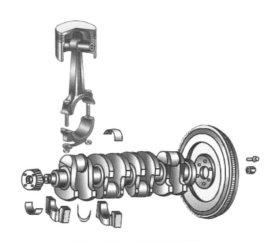

图1-26　曲柄连杆机构

（2）配气机构　配气机构是柴油发动机实现定时配气的机构。配气机构，如图1-27所示，其功用是根据发动机的工作顺序和工作过程，定时开启和关闭进气门和排气门，使空气进入气缸，并使废气从气缸内排出，实现换气过程。柴油发动机的配气机构大多采用顶置气门式配气机构，一般由气门组和气门传动组组成。

（3）燃料供给系统　燃料供给系是柴油发动机实现燃油供给的机构。燃料供给系统，如图1-28所示，其功用是根据发动机的要求，从燃油箱抽出柴油并提高其压力成高压油，定时、定量、定压地向气缸内喷入雾化的柴油，与高温高压的气体燃烧做功。柴油发动机燃料供给系包括燃油箱、输油泵、油路滤清器、低压油管、高压油管、高压油泵、喷油器、回油管等。

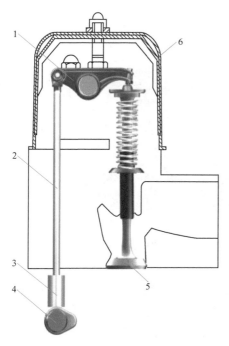

图1-27　配气机构

1—摇臂　2—顶杆　3—顶柱

4—凸轮轴　5—气阀　6—气阀室罩

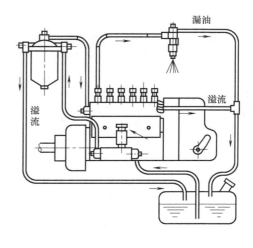

图1-28　燃料供给系统

（4）润滑系统　润滑系统是柴油发动机实现零部件润滑的系统。润滑系统，如图1-29所示，其功用是向做相对运动的零件表面输送定量的清洁润滑油，以实现液体摩擦，减小摩擦阻力，减轻机件的磨损，并对零件表面进行清洗和冷却。润滑系统通常由润滑油道、润滑油泵、润滑油滤清器和一些阀门等组成。

（5）冷却系统　柴油发动机冷却系统是柴油发动机实现零部件冷却的系统。冷却系统，如图1-30所示，其功用是将受热零件吸收的部分热量及时散发出去，保证柴油发动机在最适宜的温度状态下工作。水冷式柴油发动机的冷却系统通常由冷却液套、水泵、风扇、散热器、节温器等组成。

（6）起动系统（图1-31）　柴油发动机必须安

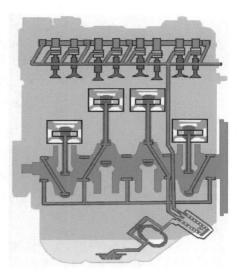

图1-29　润滑系统

装起动系统。柴油发动机起动系统包括起动机和起动电路。要使发动机由静止状态过渡到工作状态，必须先用外力转动发动机的曲轴，使活塞做往复运动，气缸内的可燃混合气燃烧膨胀做功，推动活塞向下运动使曲轴旋转。发动机才能自行运转，工作循环才能自动进行。因此，曲轴在外力作用下开始转动到发动机开始自动地怠速运转的全过程，称为发动机的起动。完成起动过程所需的装置，总称为发动机的起动系统。

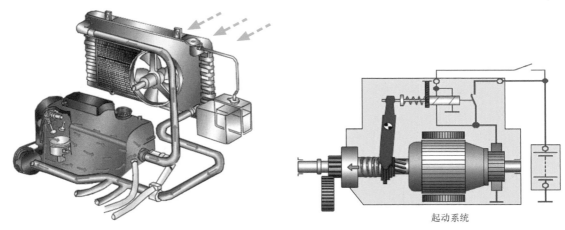

图 1-30　冷却系统　　　　　　　　　　图 1-31　起动系统

3. 柴油发动机附件总成

柴油发动机附件是指安装于发动机机体上并配合发动机工作的各组小部件，例如康明斯 C 系列柴油发动机附件位置图，如图 1-32 所示。柴油发动机附件的种类、名称、位置都随车型不同而改变。柴油发动机附件一般包括水泵、交流发电机、驱动带、空气滤清器、涡轮增压器、起动机、喷油泵等，其作用和外形见表 1-6。

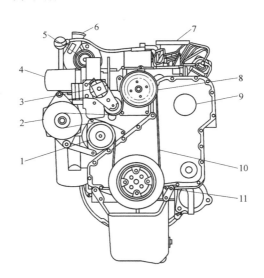

图 1-32　康明斯 C 系列柴油发动机附件位置图

1—水泵　2—交流发电机　3—V 带张紧轮　4—冷却液滤清器　5—涡轮增压器空气进口　6—涡轮增压器空气出口　7—发动机空气进口　8—风扇带轮　9—燃油器驱动盖板　10—驱动带　11—减振器

表 1-6　柴油发动机附件表

附件名称	附件作用	附件外形
水泵	水泵的作用:冷却系统的水循环的动力	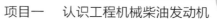
交流发电机	交流发电机的作用:用于发电,产生12V 电源供汽车使用和充电	
驱动带	驱动带的作用:用于曲轴动力带动其他附件工作	
空气滤清器	空气滤清器的作用:过滤空气中的杂质	
涡轮增压器	涡轮增压器的作用:对进气系统的空气进行压缩	

（续）

附件名称	附 件 作 用	附 件 外 形
起动机	起动机的作用:用于起动瞬间,带动曲轴转动	
喷油泵	喷油泵的作用:用于将低压油转化为高压油,定时、定量、定压地通过喷油器喷入气缸	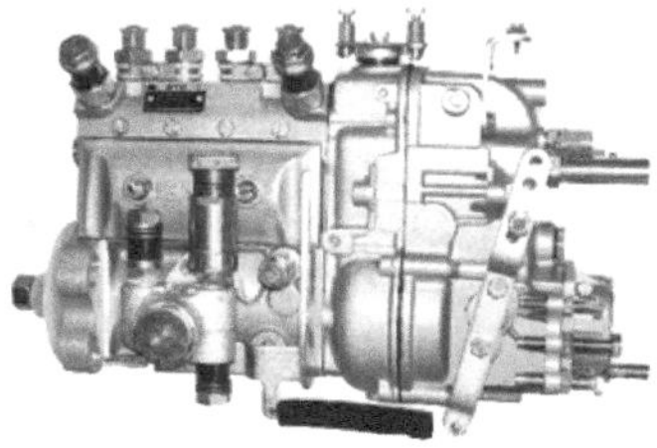

4. 常用工具和设备及使用方法

（1）普通扳手　普通扳手常见的有呆扳手、梅花扳手、套筒扳手、活动扳手、内六角扳手和扭力扳手等,如图1-33所示。

1）呆扳手（图1-33）。呆扳手的特点是使用方便,对标准规格的螺栓螺母均可使用。按其开口的宽度 S 大小分有8～10mm、12～14mm、17～19mm等规格,通常成套装备,有8件一套、10件一套等。国外有些呆扳手采用寸制单位,适用于寸制螺钉拆卸。呆扳手使用要求如下:

① 使用时应根据螺钉或螺母的尺寸,选择相应开口尺寸的呆扳手。

② 为了防止扳手损坏和滑脱,应使力作用在开口较厚的一边,图1-33所示顺时针扳动呆扳手为正确,逆时针使用为错误。

③ 使用时应选用合适的呆扳手,大拇指抵住扳头,另四指握紧扳手柄部往身边拉扳,勿向外推扳,以免将手碰伤。

④ 扳转时不准在呆扳手上任意加套管或锤击,以免损坏扳手或损伤螺钉及螺母。

⑤ 禁止使用开口处磨损过大的呆扳手,以免损坏螺栓螺母的六角。

⑥ 不能将呆扳手当撬棒使用。

⑦ 禁止用水或酸、碱液清洗扳手,应用煤油或柴油清洗后再涂上一层薄润滑脂保管。

2）梅花扳手（图1-33）。梅花扳手的工作部位呈花环状,套住螺母后扳转可使六角均匀受力。梅花扳手适应性强,扳转力大,适用于拆装所处空间狭小的螺钉螺母。对标准规格的螺钉螺母均可使用梅花扳手拆装,特别是螺钉螺母需用较大力矩拆装时,应使用梅花扳手。梅花扳手两端内孔为正六边形,按其闭口尺寸 S 大小分有8～10mm、12～14mm、17～19mm等。通常是成套装备,有8件一套,10件一套等。为方便操作,有的扳手一头是呆扳手,另外一头是梅花扳手（图1-33）,被称为两用扳手。梅花扳手使用要求如下:

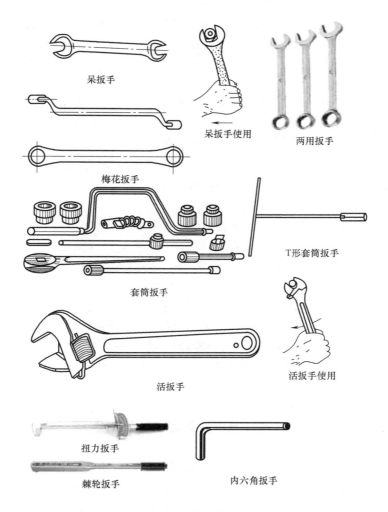

呆扳手

呆扳手使用

两用扳手

梅花扳手

T形套筒扳手

套筒扳手

活扳手

活扳手使用

扭力扳手

棘轮扳手

内六角扳手

图 1-33　普通扳手

① 使用时根据螺钉或螺母的尺寸，选择相应闭口尺寸的梅花扳手。

② 与呆扳手相比，由于梅花扳手扳动30°后即可换位再套，适用于狭窄场合下操作，而且强度高，使用时不易滑脱，应优先选用。

③ 使用时，应选用合适的梅花扳手，轻力扳转时，手势与呆扳手相同；大力扳转时，四指与拇指应上下分开，握紧扳手手柄，往身体方向扳转。

④ 扳转时，不准在梅花扳手上任意加套管或锤击。

⑤ 禁止使用内孔磨损过大的梅花扳手。

⑥ 不能将梅花扳手当撬棒使用。

3）套筒扳手（图1-33）。手套筒扳手的内孔形状与梅花扳手相同，也是正六边形，按其闭口尺寸大小也分为 8mm、10mm、12mm、14mm、17mm、19mm 等规格，通常也是成套装备，并且配有手柄、棘轮手柄、快速摇柄、接头和接杆等，以方便操作和提高效率。套筒扳手适用于拆装位置狭窄或需要一定转矩的螺钉或螺母。套筒扳手由一套尺寸不同的套筒和一根弓形的快速摇柄组成，对标准规格的螺钉螺母均可使用。套筒扳手既适合一般部位螺钉螺母的拆装，也适用于深凹部位和隐蔽狭小部位螺钉螺母的拆装。套筒扳手与接杆配合，可加快拆装速度、提高拆装质量。套筒扳手与梅花扳手相比，更加方便快捷，应优先考虑使用。还有一些专用的 T 形套筒扳手（图 1-33），更方便拆装，应更加优先考虑选用。套筒扳手使用要求如下：

① 使用时根据螺钉螺母的尺寸选好套筒，套在快速摇柄的方形端头上（视需要与长接杆或短接杆配合使用），再将套筒套住螺钉螺母，转动快速摇柄进行拆装。

② 用棘轮手柄扳转时，不准拆装过紧的螺钉螺母，以免损坏棘轮手柄。

③ 拆装时，握快速摇柄的手切勿摇晃，以免套筒滑出或损坏螺钉螺母的六个角。

④ 禁止用锤子将套筒击入变形的螺钉或螺母进行拆装，以免损坏套筒。

⑤ 禁止使用内孔磨损过大的套筒。

⑥ 工具使用完毕，应清洗油污后妥善放置。

4）活扳手（图 1-33）。活扳手也称活动扳手，其开口尺寸能在一定的范围内任意调整，其规格是以最大开口宽度×扳手长度（mm×mm）来表示。活扳手操作起来不太方便，需旋转蜗杆才能使活动板口张开及缩小，而且容易从螺钉上滑移，应尽量少用，仅在缺少相应其他扳手（如寸制扳手）时使用。活扳手由固定和可调两部分组成，扳手的开度大小可以调整。活扳手一般用于不同尺寸的螺栓螺母的拆装。活扳手使用要求如下。

① 使用时也应注意使拉力作用在开口较厚的一边（图 1-33）。

② 使用活扳手时，应根据螺栓螺母的尺寸先调好活扳手的开口，使之与螺栓螺母的规格相适。

③ 扳转时，应主要使固定部分承受拉力，以免损坏活动部分。

④ 扳转时，不允许在活扳手的手柄上随意加套管或锤击。

⑤ 禁止将活扳手当锤子使用。

5）扭力扳手（图 1-33）。扭力扳手与套筒扳手中的套筒头配合使用，可以直接读出所施转矩的大小，适用于发动机连杆螺母、气缸盖螺钉、曲轴主轴承紧固螺钉、飞轮螺钉等重要螺钉的紧固。扭力扳手常用形式有刻度盘式和预置式，其规格以最大可测转矩来划分，如预置扭力扳手有 20N·m、100N·m、250N·m、300N·m、760N·m、2000N·m 等种。通常使用的扭力扳手有预调式和指针式两种形式。一般用于有规定拧紧力矩的螺钉螺母的拆装，如缸盖、曲轴主轴承盖、连杆盖等部位螺钉螺母的拆装。扭力扳手使用要求如下：

① 拆装时用左手把住套筒，右手握紧扭力扳手手柄往身边扳转。禁止往外推，以免滑脱而损伤身体。

② 对要求拧紧力矩较大，且工件较大、螺钉数较多的螺栓螺母时，应分多次按一定顺序拧紧。

③ 拧紧螺钉螺母时，不能用力过猛，以免损坏螺纹。

④ 禁止使用无刻度盘或刻度线不清晰的扭力扳手。

⑤ 拆装时，禁止在扭力扳手的手柄上增加套管或用锤子锤击。

⑥ 扭力扳手使用后应擦净油污，妥善放置。

⑦ 预调式扭力扳手使用前应做好调校工作，用后应将预紧力矩调到零位。

6）内六角扳手（图 1-33）。内六角扳手用来拆装内六角头螺栓（螺塞），以六角形对

边尺寸 S 表示，有 3 ~ 27mm 等 13 种尺寸。

（2）普通手钳　常见的手钳有钢丝钳、尖嘴钳、鲤鱼钳和卡簧钳等，如图 1-34 所示。

1）钢丝钳（图 1-34）。钢丝钳按其钳长分为 150mm、175mm、200mm 三种。钢丝钳主要用于夹持圆柱形零件，也可以代替扳手旋紧螺钉、小螺母，钳口后部的刃口可剪切金属丝。

2）鲤鱼钳（图 1-34）。鲤鱼钳的作用与钢丝钳相同，其中部凹口粗长，便于夹持圆柱形零件，由于一片钳体上有两个互相贯通的孔，可以方便地改变钳口大小，以适应夹持不同大小的零件，是汽车维修中使用较多的手钳。规格以钳长来表示，一般有 165mm 和 200mm 两种。

3）尖嘴钳（图 1-34）。尖嘴钳因其头部细长而得名，能在较小的空间使用，其刃口也能剪切细小金属丝，使用时不能用力太大，否则钳口头部会变形或断裂，规格以钳长来表示，汽车拆装常用的是 160mm。注意：使用上述手钳时，应注意不要用手钳代替扳手松紧 M5 以上螺纹连接件，以免损坏螺母或螺栓。

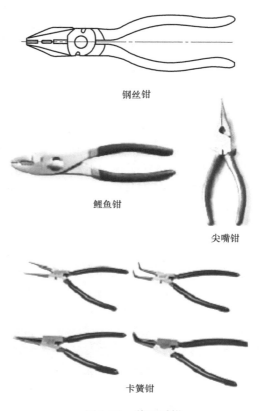

图 1-34　普通手钳

4）卡簧钳。卡簧钳也称挡圈钳，有多种结构形式如图 1-34 所示，可用于拆装发动机中的各种卡簧（挡圈）。使用时根据卡簧（挡圈）结构形式，选择相应的卡簧钳。

（3）螺钉旋具　螺钉旋具，主要用来拆装小螺钉，分一字槽和十字槽两种。螺钉旋具由手柄、刀体和刃口组成（图 1-35），其规格以刀体部分的长度来表示。常用的规格有 100mm、150mm、200mm 和 300mm 等几种。螺钉旋具有木柄和塑料柄之分，木柄螺钉旋具又分为普通式和穿心式两种，后者能承受较大的扭矩，并可在尾部作适当的敲击。塑料柄螺钉旋具具有良好的绝缘性能，适于电工使用。螺钉旋具使用要求如下。

① 使用时应根据螺钉沟槽的形状和宽度选用相应的规格。旋松螺钉时，除施加旋转力矩外，还应施加适当的轴向力，以防滑脱损坏零件。

② 应根据螺钉形状、大小选用合适的螺钉旋具。

③ 使用时螺钉旋具不可偏斜，扭转的同时施加一定压力，以免滑脱。

④ 使用时手心应顶住柄端，并用手指旋转旋具手柄。如使用较长的螺钉旋具，左手应把住旋具的前端。

⑤ 螺钉旋具或工件上有油污时应擦净后再使用。

⑥ 禁止将螺钉旋具当撬棒或錾子使用。

（4）锤子　锤子有多种形式（图 1-36），一端平面略有弧形的是基本工作面，另一端是球面，用来敲击凹凸形状的工件。规格以锤头质量来表示，0.5～0.75kg 最为常用。按锤头形状分有圆头、扁头及尖头三种，按锤头材料分有铁制、木制和橡胶制等。锤子主要用来敲击物件。锤子使用要求如下。

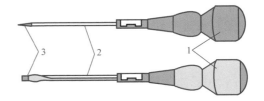

图 1-35　螺钉旋具
1—手柄　2—刀体　3—刃口

① 握锤应是握住锤柄后部（图 1-36）。

② 挥锤的方法有手腕挥、小臂挥和大臂挥三种，手腕挥锤只有手腕动，锤击力小，但准、快、省力，大臂挥锤是大臂和小臂一起运动，锤击力最大。

③ 使用锤子时，首先要仔细检查锤头和锤把是否楔塞牢固，以防止锤子脱手伤人。

④ 使用时，应握紧锤柄的有效部位，锤落线应与铜棒的轴线保持相切，否则易脱锤而影响安全。

⑤ 锤击时，眼睛应盯住铜棒的下端，以免击偏。

⑥ 禁止用锤子直接锤击机件，以免损坏机件。

⑦ 禁止使用锤柄断裂或锤头松动的锤子，以免锤头脱落伤人。

（5）顶拔器　顶拔器主要用来拆卸配合较紧的轴承、齿轮等零部件（图 1-37）。

顶拔器使用时，根据轴端与被拉工件的距离转动顶拔器的丝杠，至丝杠顶端顶住轴端，拉爪钩住工件的边缘，然后慢慢转动丝杠将工件拉出。顶拔工件时，其中心线应与被拉工件轴线保持同轴，以免损坏顶拔器。

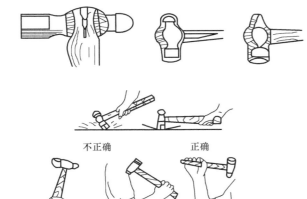

图 1-36　锤子

图 1-37　顶拔器

2.3　柴油发动机解体与检验施工

1. 解体施工准备

（1）工具与设备准备

1）常用工具 1 套。

2）工程机械柴油发动机 1 台。

3）零件摆设台架 1 台。

4）毛巾 1 条。

（2）理论知识准备

1）观察柴油发动机外部布置并拍照片记录。

_____

2）观察柴油发动机各个附件组成。熟记其位置和外形并拍照记录。

_____

3）解释柴油发动机各个附件的功能和作用。

_____

_____

_____

_____

_____

_____

_____

4）简述柴油发动机工作的四个工作行程的作用和工作状态。

_____

_____

_____

_____

_____

_____

2. 柴油发动机解体施工作业

（1）从柴油发动机上拆下附件总成

1）拆下喷油器，并拆下高压泵总成。

2）拆下曲轴通风装置、空气滤清器及节气门总成。

3）拆下输油泵油管和输油泵固定螺栓，卸下输油泵总成。

4）拆下风扇、硅油离合器及水泵总成。

5）拆下空气压缩机总成。

6）拆下发电机总成。

7）拆下起动机总成。

8）拆下润滑油粗滤清器和离心式润滑油细滤清器总成。

9）拆下离合器分离叉和离合器总成，卸下离合器总成检查离合器盖与飞轮有无安装记号，若无记号，应做好安装标记；对称交叉均匀分 2～3 次扭松固定螺栓至卸下。

（2）柴油发动机解体

1）机体组拆装顺序：气门室盖→气门摇臂总成→挺杆→进、排气管→气缸盖→气缸垫→发动机旋转 90°→油底壳→润滑油泵→活塞连杆→起动爪→带轮→时规盖→主轴承盖→曲轴→飞轮。

2）配气机构的拆卸。

3）曲柄连杆机构的拆卸。

4）曲轴飞轮组的拆卸，如图 1-38 所示。

5）凸轮轴的拆卸。

（3）发动机拆卸的注意事项

1）必须结合具体的柴油发动机类型与型号进行具体操作。

2）必须观察机型，参阅资料，研究确定分解步骤和方法。

3）拆卸的原则是由上及下拆卸。

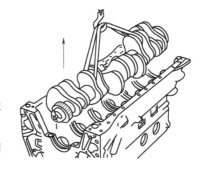

图 1-38　曲轴飞轮组的拆卸

4）正确选用拆卸工具和设备。

5）对一些不易分解的部件，不能硬拆，以防损坏零件和工具。

6）锈死机件或螺钉的拆卸应采用先除锈后拆卸的方法。

7）断头螺钉的拆卸应采用反攻牙的方法。

8）螺钉组联接件的拆卸。按照正确顺序拆卸，拆下的螺栓、螺母、垫圈及垫片等勿损坏，尽量装回原位，以便修复。

9）对重要部位要核对并做出装配记号，确保装配关系。

10）同一总成的组件分解后应尽量放在一起，并按其拆卸次序和原装配关系摆好。

11）精度不同和清洗方法不同的零件应分别存放。

12）拆下的管子和机件孔口，应防止灰尘落入，要采用封口措施。

13）主要零件表面应涂以润滑油。

14）根据需要确定拆卸程度，尽量缩短拆卸时间，延长零件使用寿命。

15）活塞连杆组主要零件：连杆螺钉、连杆盖、连杆轴瓦、连杆大端、衬套、活塞、活塞环、活塞销、卡簧（环）。

16）曲轴飞轮组主要零件：起动爪、带轮、曲轴前油封、挡油圈、曲轴正时齿轮、止推片（环）、主轴瓦、轴承、飞轮、飞轮齿圈、飞轮螺钉。

2.4　任务的评估与检查

柴油发动机解体施工评估与检查表，见表 1-7。

表 1-7　柴油发动机解体施工评估与检查表

专业班级		学号		姓名	
考核项目	柴油发动机解体				
考核项目	评分标准	教师评判		分值	评分
劳动态度（10%）	是否按照作业规范要求实施	是　□	否　□	10 分	

（续）

现场管理 （30%）	工作服装是否合乎规范		是　□	否　□	5分	
	有无设备事故		无　□	有　□	10分	
	有无人身安全事故		无　□	有　□	10分	
	是否保持环境清洁		是　□	否　□	5分	
实践操作 （50%）	工、量具和物品是否备齐		充分□	有缺漏□	10分	
	检测内容 及操作	检测操作	正确□	有错漏□	10分	
			熟练□	生疏□	10分	
		检测数据记 录及分析判断			20分	
工作效率 （10%）	作业时间是否超时		否□	是□	10分	
合计						

项目二
柴油发动机曲柄连杆机构检修

任务工单1 柴油发动机机体组件检修

1.1 工作中常见问题

1）组成机体的部件有哪些？
2）机架和机座有何作用？工作条件如何？
3）怎样正确拆装气缸盖螺栓？
4）怎样正确使用量缸表？

1.2 相关知识

1. 柴油发动机燃烧室部件承受的工作负荷

（1）机械负荷 机械负荷是指受力部件能承受安装预紧力、气体力、惯性力等的强烈程度。主要以气体力和惯性力为主。柴油发动机的机械负荷有两个特点：一是周期性交变；二是具有冲击性。

1）安装预紧力。安装预紧力与安装应力成正比。因此，安装气缸盖时不应过度紧固，否则会使气缸套、气缸盖发生损伤。另外，将气缸套凸肩加高，可使气缸套安装应力大大减小。

2）气体力。气体力是周期变化的，其最大值为最大爆炸压力，变化频率与转速有关，因而由气体力产生的机械应力也称为高频应力。由气体力产生的机械应力具有以下特点：

① 气缸盖、活塞：触火面为压应力，冷却面为拉应力。
② 气缸套（径向）：触火面为压应力最大，冷却面拉应力为零。
③ 气缸套（切向）：触火面为拉应力最大，冷却面为拉应力最小。
④ 机械应力与部件壁厚成反比，即壁厚越大，机械应力越小。
⑤ 惯性力：活塞组件在缸内作往复变速运动，产生往复惯性力；曲轴作回转运动产生离心惯性力。其大小与部件质量和曲轴转速的平方成正比。由惯性力产生的机械应力也是一种高频应力。

（2）热负荷

1）热负荷是指柴油发动机的燃烧室部件承受温度、热流量及热应力的强烈程度。
2）热负荷的表示方法：热流密度、温度场、热应力。

3）热负荷过高对柴油发动机的危害如下：

① 使材料的力学性能降低，承载能力下降。

② 使受热部件膨胀、变形，改变了原来正常工作间隙。

③ 使润滑表面的润滑油迅速变质、结焦、蒸发甚至被烧光。

④ 使受热部件（如活塞顶）受热面被烧蚀。

⑤ 使受热部件承受的热应力过大，产生疲劳破坏等。

4）热应力，是指受热部件在内外表面温度不同并且有一定约束的条件下在金属内产生的一种内力。气缸盖、活塞的触火面为热压应力；气缸盖、活塞的冷却面为热拉应力。气缸套的径向热应力为零；气缸套的切向热应力的触火面为压热应力；气缸套的切向热应力的冷却面为拉热应力。热应力与部件壁厚成正比，即壁厚越大，热应力越大。

由机械应力和热应力可知：机械应力与部件壁厚成反比，即壁厚越大，机械应力越小。因而从降低机械应力的角度看，应使壁厚增大，但热应力与部件壁厚成正比，因此壁厚增大，热应力增加。所以对燃烧室部件不宜采用厚壁结构。合理解决这一技术难题的措施是采用薄壁强背结构。所谓薄壁就是燃烧室部件的壁要薄，以减少热应力。而强背就是在薄壁的背面设置强有力的支承，以降低机械应力。现代新型柴油发动机燃烧室部件采用的钻孔冷却机构就是典型的薄壁强背结构。

（3）热疲劳 燃烧室部件在交变的热应力作用下出现的破坏现象称为热疲劳。热疲劳对燃烧室部件的破坏是从出现裂纹开始的，逐渐发展至部件疲劳破裂。当柴油发动机工作时，高温面的热应力为压应力。如果燃烧室壁面局部在高温作用产生蠕变而引起塑性变形，则当停车或负荷降低、壁面温度降低时，因塑性变形无法恢复原状而产生残余拉应力，由此形成压拉应力交替。由于该交变应力的变化周期与转速无关，而只取决于起动—运行—停车或负荷变化的周期，因此称为低频应力。显然由热疲劳引起的裂纹，通常从高温触火面开始，逐渐发展形成疲劳损坏。高频应力：应力变化周期与柴油发动机工作循环周期相同，频率较高，与转速有关。低频应力：应力变化周期与柴油发动机起动、运行、停车或负荷变化的周期相同，频率较低。

2. 柴油发动机机体组件结构认识

机体组件主要由气缸盖、气缸垫、气缸套和机体等零件组成。机体组件必须要有足够的强度和刚度。机体组件热负荷高的部位要进行适当的冷却。机体组件的各个运动部件构成摩擦副的部位，要有很好的耐磨性和减摩性。

（1）气缸盖（图2-1）

1）气缸盖的作用

① 气缸盖用以组成燃烧室。

② 气缸盖用以安装喷油器，进、排气阀，起动阀，示功阀，安全阀等附件。

③ 气缸盖用以构成冷却液通道和进、排气通道。

2）气缸盖的工作条件

① 气缸盖承受螺栓的预紧力作用。

图2-1 气缸盖

② 气缸盖承受气体力作用：触火面为压应力，冷却面为拉应力。

③ 气缸盖承受热负荷的作用：触火面热压应力，冷却面热拉应力。

④ 气缸盖承受腐蚀疲劳作用：气缸盖承受冷却液的腐蚀和机械循环应力作用，产生腐蚀疲劳。

3）对气缸盖的要求

① 对气缸盖要求有足够的强度和刚度。

② 对气缸盖要求：底部各种阀孔之间的金属堆积处和高温部位要冷却良好，使各部位的温度均匀。

③ 对气缸盖的设计要求：各种阀件的拆装、维护方便。

④ 对气缸盖的设计要求：冷却液腔的水垢易于清除。

4）气缸盖的类型

① 气缸盖按材料可分为：铸铁气缸盖、铸钢气缸盖、锻钢气缸盖等。增压度较高的低速机多采用锻钢制成。

② 气缸盖按气缸盖与气缸之间的数量关系可分为三种形式。

ⅰ. 单体式，每个气缸设一个气缸盖，多用于中、大型高增压柴油发动机。特点是气缸盖和气缸套接合面处的密封性好，拆装方便，但需加大气缸的中心距，增加柴油发动机长度。

ⅱ. 整体式，整个柴油发动机所有气缸的气缸盖铸成一体，多用于小型柴油发动机。特点是气缸的中心距小，结构紧凑，但易变形，密封性较差，结构复杂，加工不便。

ⅲ. 分组式，2～3个气缸的气缸盖合铸成一体，多用于缸径较大的中小型高速发动机上。

（2）气缸垫（图2-2）

1）气缸垫的功用是保持气缸密封不漏气，保持由机体流向气缸盖的冷却液和润滑油不泄漏。

2）气缸垫要求要有足够的强度；要耐压、耐热、耐腐蚀；要有弹性，能补偿机体顶面和气缸盖底面的表面粗糙度和不平度。

图2-2　气缸垫

3）气缸垫种类按所用材料不同可分为：金属-石棉衬垫、金属-复合材料衬垫、全金属衬垫三种。

① 金属-石棉衬垫：以石棉为基体，外包铜皮或钢皮；有的以钢丝或带孔钢板为骨架，外附石棉而成，气缸孔、油孔和水孔周围用金属包边。石棉主要被应用在隔热、密封和制动灯环节上，也就是各种隔热瓦、密封垫片和制动片。

② 金属-复合材料衬垫：钢板的两面粘附耐热、耐压和耐腐蚀的新型材料。

③ 全金属衬垫：用优质的铝板或不锈钢片叠制而成。

4）安装注意事项：气缸垫安装时，应注意将卷边朝向易修整的接触面或硬平面。因卷边会对与其接触的平面造成压痕导致变形。如气缸盖和气缸体同为铸铁时，卷边应朝向气缸盖；而气缸盖为铝合金，气缸体为铸铁时，卷边应朝向气缸体。

（3）气缸套（图2-3）

1）气缸套的作用

① 气缸套组成燃烧室。

② 四冲程发动机气缸套是活塞运动的导程，承受侧推力。

③ 二冲程发动机气缸套与活塞运动配合控制换气过程。

④ 气缸套与缸体构成冷却液空间。

2）气缸套的工作条件

图2-3　气缸套

① 气缸套承受周期性变化的气体力作用。气缸套径向的触火面压应力最大，气缸套径向的冷却面压力为零。气缸套切向的触火面拉应力最大，气缸套切向的冷却面拉应力最小。

② 气缸套承受热负荷的作用。

③ 气缸套承受摩擦作用。

④ 气缸套内表面承受燃气的化学腐蚀，外表面承受冷却液的腐蚀作用。

⑤ 气缸套筒状活塞承受冷却液的穴蚀作用。

3）气缸套材料主要采用耐热、耐磨的合金铸铁，内表面镀铬以提高耐磨性，外表面涂防锈漆或加装锌块。

4）气缸套类型分为湿式气缸套和干式气缸套。湿式气缸套的缸套外表面直接与冷却液接触，其特点是散热性好、气缸套厚度大、刚性好、制造和更换方便、易产生穴蚀和腐蚀。干式气缸套的制造和更换方便。

（4）机体（图2-4）

1）机体的作用

① 机体构成了柴油发动机的骨架。内部安装运动部件的导板和支承（如气缸套、导板和主轴承），构成运动部件（如活塞、连杆和曲轴）和传动部件（传动齿轮、链轮和凸轮轴）的运动空间。

② 机体能布置水、油、气的空间。

③ 机体外部可以安装各种附属设备，如喷

图2-4　机体

油泵、调速器、起动与换向设备、增压器、扫气箱、各种系统的管道等。

④ 柴油发动机通过机座或机体上的支承安装到基座上。

2）机体的工作条件

① 机体承受气体力和运动机件惯性力的作用，机体承担全部机件的重量。

② 动力力矩的输出使机体产生倾覆力矩。

③ 机体惯性力的作用使机体产生振动。

④ 机体受到贯穿螺栓和联接螺栓的安装应力的作用。

⑤ 机体各处温度不同使机体产生热应力。

⑥ 水、油、气的作用使机体受到腐蚀。

3）对机体的要求

① 机体要有足够的刚度，使各运动机件的支承和导承变形小。

② 机体要有足够的强度，防止运行中发生裂纹和损坏。

③ 机体要尺寸小、重量轻、便于拆装和检修。

④ 机体要防"三漏（即漏油、漏水、漏气）"，机体的各结合面、检修道门要密封性好。

⑤ 机体对油、水、气的耐蚀性良好。

4）机体的维护与维修注意事项

① 严防曲轴箱爆炸，运转中应经常触摸曲轴箱，若发现过热要及时查找原因。

② 要及时处理各种漏泄，以免造成严重事故。特别是柴油发动机底座周围和油底壳泄漏，容易造成润滑油流失和润滑系统失压，因此更要密切注意。

③ 对机体内、外表面要定期检查。定期检查底脚螺栓有无松动和断裂。

④ 贯穿螺栓安装时要严格按说明书的规定。对螺栓的紧固情况要定期检查，防止贯穿螺栓横向振动。

（5）机体组件技术要点　机体组零件图（图2-5）。

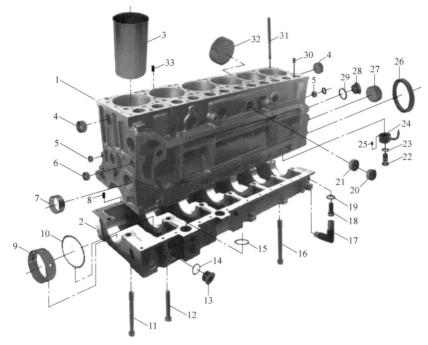

图 2-5　机体组零件图

1—气缸体　2—曲轴箱　3—气缸套　4、5、6、20、21、27、32—碗形塞　7—凸轮轴衬套　8、30—圆柱销
9—主轴瓦（副）　10—止推片（副）　11、16—主轴承螺栓　12—六角头螺栓　13、18—内六角圆柱头螺塞
14、15—密封圈　17—回油弯管　19—自锁垫圈　22—空心螺栓　23—复合密封垫圈　24—喷嘴组件
25、33—弹性圆柱销　26—后油封　28—主油道后螺塞　29—复合垫圈　31—气缸盖螺栓

1.3　柴油发动机体组件检修施工

1. 机体组件检修施工准备

（1）工具与设备准备

1）常用工具 1 套。

2）活塞环拆装钳 1 把。

3）卡环拆装钳 1 套。

4）活塞环收紧器 1 个。

5）柴油发动机 1 台。

6）零件摆设台架 1 台。

7）毛巾 1 条。

（2）理论知识准备

1）观察柴油发动机的机体组并拍照记录。

_____

2）观察柴油发动机气缸盖罩并拍照记录，简述其作用。

_____

3）观察柴油发动机气缸盖，并拍照记录，简述气缸盖螺栓拆装顺序及注意事项。

_____
_____
_____
_____
_____
_____

4）观察柴油发动机气缸套并拍照记录，简述其磨损程度和对应的检修方法。

_____
_____
_____
_____
_____
_____
_____
_____
_____

5）观察柴油发动机气缸体并拍照记录。

_____
_____

2. 柴油发动机体组件检修施工作业

（1）气缸盖与气阀组件的分解拆检

1）拆下气缸盖前、后罩盖。

2）拆下各气阀摇臂轴支座螺栓，卸下摇臂轴总成。

3）从摇臂轴总成上拆下摇臂轴支座，进、排气阀摇臂，定位弹簧，摇臂轴等零件，并依次放妥。

4）做好推杆与气缸盖之间的装配标记，再取出推杆。

5）按照从四周向中央的拆卸顺序拆下气缸盖螺栓，卸下气缸盖，并取下气缸盖垫片放妥。

6）气阀组件分解应小心注意遵循顺序。

7）先用气阀弹簧钳压缩弹簧，取下气阀锁片、弹簧，松开弹簧钳，取出弹簧座、弹簧及气阀。

8）用锤子及专用冲棒击出气阀导管，也可用顶拔器拉出气阀导管。

（2）气缸盖拆装注意事宜

1）应按照一定的要求，一般在柴油发动机的修理工艺中均有严格的规定。

2）气缸盖螺栓拆卸时，拆卸时为了防止造成气缸盖和缸体表面的变形，应该按照先两边再中间的顺序逐步拆卸，交叉进行，并且不能一次完全松开，应分两到三次，最后取下螺栓，取下缸盖。

3）气缸盖螺栓装配时，由中间向两端逐个对称拧紧，安装气缸盖螺栓顺序（图2-6）；气缸盖螺栓的必须用扭力扳手扭紧，拧紧力矩太大或太小都将会对发动机产生不良影响，易造成气缸盖变形、漏气等现象。发动机都应按规定的气缸盖螺栓拧紧力矩要求，分2～3次拧紧至规定值。

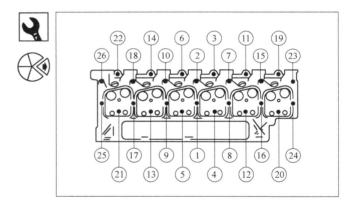

图2-6　安装气缸盖螺栓顺序

4）气缸盖应在冷态时拆卸，拆装过程中不能碰擦下平面，以免平面损伤。

5）气缸垫的安装要求：安装气缸盖前，在气缸体上面放一张气缸垫，气缸垫安装时，应注意将卷边朝向易修整的接触面或硬平面。如气缸盖和气缸体同为铸铁时，卷边应朝向气缸盖（易修整）；而气缸盖为铝合金，气缸体为铸铁时，卷边应朝向气缸体。

（3）气缸套的检修

1）气缸套的拆卸步骤

①拆卸前用钢字码在气缸套上打上气缸编号，可在机体正前方作记号，可表示安装方向及安装位置。

②测量气缸套上端面高出气缸体上表面的高度。

③使用拉缸器拆卸气缸套。

④选择圆托盘，把拉缸器总成安装到需拆卸的气缸套上，注意下端的圆托盘不能抵在

气缸体上，以免损坏气缸体。

2）气缸套的安装步骤

① 清除水套内的水垢，清除气缸套肩台下平面与机体气缸套安装孔上平面阻水圈环槽内的水垢和杂物。

② 试装气缸套：在不装阻水圈的情况下，将气缸套装入机体气缸套安装孔内，应能转动气缸套但无过大的晃动量。气缸套凸出机体上平面的高度应在 0.08~0.21mm（一般用深度卡尺或平尺加塞尺配合测量）。如果凸出量高度不够，可在气缸套肩台下加垫薄铜皮来调整。同一机体上的气缸套高度差不应超过 0.03mm。

③ 安装阻水圈：检查阻水圈是否是合格产品（特征是粗细均匀无裂纹，表面平整光滑），将阻水圈平整地装入槽内，不允许扭卷和损伤，并应沿整个圆周均匀凸出环槽。

④ 安装气缸套：用肥皂水涂阻水圈表面，将气缸套按试装位置分别压入安装孔内。检查阻水圈是否被挤出或切坏，如果被挤出或切坏应更换阻水圈重新安装。检查气缸套是否变形，若圆柱度超过 0.03mm。应卸下气缸套，查明原因，消除故障后重新安装。

⑤ 复查各气缸套凸出高度及高度差。

3）气缸套安装后的检查技术要求

① 气缸套工作表面无黑皮（未镗削加工处），无刀痕，表面粗糙度不低于技术标准规定值。

② 气缸套直径应在修理尺寸的范围内，其圆度与圆柱度应在标准范围内。其气缸套下部（50~80mm 处）圆度允许在 0.005mm 范围内。

③ 气缸套的直线度，在 100mm 长度内不得超过 0.05mm。

④ 气缸套装入后，应进行水压试验。

4）气缸磨损量的检验步骤

① 测量气缸的磨损情况，通常使用量缸表进行测量。量缸表就是在百分表的下面装一套联动装置，以便测量气缸直径尺寸，所以也称为内径量表。

② 将百分表的杆部插入量缸表杆上端的孔内，表杆与传动杆接触，表针有少量顶动即可，并使百分表表面与活动测杆同一方向，用锁紧螺母把百分表固定。

③ 根据气缸的标准直径，选择长度合适的接杆，旋上固定螺母，把接杆旋入量缸表下端的接杆座内，固定螺母暂不旋紧。

④ 将量缸表的测杆插入气缸的上部，旋出接杆，当表针转动 1~1.5 圈时为合适，拧紧接杆上的固定螺母。

⑤ 根据气缸的磨损特点，在活塞环行程内找到气缸磨损的最大处（一般为活塞运动到上止点处），旋转表盘，使表针对准"0"。

⑥ 测量时，应前后方向摆动量缸表，因为只有测杆与气缸轴线保持垂直时，测量才能准确，正确使用量缸表，如图 2-7 所示。当前后摆动量缸表，表针均指示到某一最小数值时，即表示测杆已垂直于气缸轴线。

⑦ 将量缸表下移，使测杆到活塞行程之外（标准尺寸或上次修理的实际尺寸），在任意方向测量，找到气缸的最小直径处。此时，表针所指的位置与"0"位之间相差的数值（即表针摆差），即为气缸的最大磨损量。这种测量气缸的方法，称为两点测量法，百分表针摆差数值的一半，即气缸的圆柱度误差值。

⑧ 取出量缸表，用千分尺测量量缸表在气缸内最大直径处的测杆长度，即测出了气缸磨损后的实际直径尺寸。从外径千分尺上读出的实际尺寸，也可与记载的发动机各气缸原始修理尺寸相对照，两者之差，即该气缸的最大磨损量。

⑨ 实践经验证明：发动机一般前、后两气缸较其他气缸磨损严重。因此，测量气缸的磨损情况时，可按磨损规律重点测量前、后两个气缸。测量部位如下：

ⅰ. 活塞位于上止点时第一道活塞环所对应的气缸套位置。

ⅱ. 活塞位于行程中点时第一道活塞环所对应的气缸套位置。

ⅲ. 活塞位于行程中点时最后一道刮油环所对应的气缸套位置。

ⅳ. 活塞位于下止点时最后一道刮油环所对应的气缸套位置。

ⅴ. 大型二冲程低速柴油发动机，有气口且行程较长，可在气口上、下方增加两个测量点。

⑩ 具体量缸操作，如图 2-8 所示，将所得数据填入量缸数据记录表，见表 2-1。

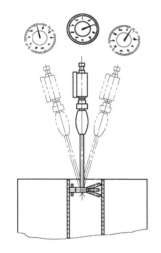

图 2-7　正确使用量缸表

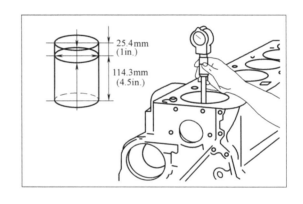

图 2-8　量缸操作

表 2-1　量缸数据记录表

气缸 截面	一缸	圆度	二缸	圆度	三缸	圆度	四缸	圆度
1（上）								
2（中）								
3（下）								
圆柱度								
结论　圆度								
结论　圆柱度								
结论　磨损								

1.4　任务的评估与检查

机体组检修施工评估与检查表，见表2-2。

表2-2　机体组检修施工评估与检查

专业班级		学号		姓名	
考核项目			机体组检修		
考核项目	评分标准	教师评判		分值	评分
劳动态度（10%）	是否按照作业规范要求实施	是　□	否　□	10 分	
现场管理（30%）	工作服装是否合乎规范	是　□	否　□	5 分	
	有无设备事故	无　□	有　□	10 分	
	有无人身安全事故	无　□	有　□	10 分	
	是否保持环境清洁	是　□	否　□	5 分	
实践操作（50%）	工、量具和物品是否备齐	充分□	有缺漏□	10 分	
	检测内容及操作　检测操作	正确□	有错漏□	10 分	
		熟练□	生疏□	10 分	
	检测内容及操作　检测数据记录及分析判断			20 分	
工作效率（10%）	作业时间是否超时	否□	是□	10 分	
合计					

任务工单2　柴油发动机连杆组件检修

2.1　工作中常见问题

1）连杆有何作用？
2）连杆的工作条件如何？
3）连杆的受力分析如何？
4）预防连杆螺栓断裂的措施有哪些？

2.2　相关知识

1. 连杆（图2-9）
（1）连杆的作用

1）连杆将活塞与曲轴联接成曲柄连杆机构。

2）连杆把活塞的往复运动转变为曲轴的回转运动。

3）连杆将作用在活塞上的气体力、惯性力传递给曲轴。

（2）连杆的材料　连杆的断面为筒形，如图2-10所示，其使用材料为中碳钢或优质合金钢。连杆的断面为工字形，如图2-11所示，其使用材料为中碳钢或中碳合金钢，模锻而成。

图2-9　连杆

图2-10　筒形连杆断面

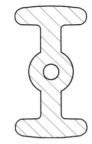

图2-11　工字形连杆断面

（3）连杆的要求

1）连杆应具有耐疲劳、抗冲击的性能。

2）连杆应具有足够的强度和刚度。

3）连杆长度应尽量短、重量轻、拆装方便。

4）连杆轴承工作可靠。

（4）连杆的特点

1）连杆小端为不剖分面，内装青铜衬套，并开有油槽。

2）连杆杆身截面为工字形，可使在摆动平面内杆身的截面惯性矩为垂直平面的杆身截面惯性矩的4倍，能提高其抗压稳定性。

3）连杆大端有平切口和斜切口两种，制成斜切口，可增加曲柄销直径、方便拆装。

4）连杆大端轴承用薄壁式三层金属结构，在较薄的钢背（低碳钢瓦背）上浇上铜铅合金，再在表面上镀一层铅锡合金。目的是提高轴瓦的强度和表面性能。

5）连杆在剖分面上做成锯齿形结构，如图2-12所示，以防结合面产生滑动，并使连杆螺栓不受剪切力作用。

6）连杆大端轴瓦设有定位舌，防止轴瓦在轴承基座内做圆周和轴向运动而堵住油孔，杆身内钻有油孔。

2. 连杆螺栓（图2-13）

（1）连杆螺栓工作条件　二冲程发动机连杆螺栓在工作中只受预紧力作用；四冲程发动机连杆螺栓在工作中除受预紧力外，还受到惯性力和大端变形产生的附加弯矩作用。

图2-12　锯齿形连杆大头

（2）连杆螺栓的要求和材料　对连杆螺栓的要求是具有高的强度和好的韧性；连杆螺栓一般采用用优质合金结构钢或优质碳素结构钢制造。

（3）连杆螺栓的结构特点

1）连杆螺栓采用柔性结构，提高连杆螺栓的抗疲劳强度。

2）连杆螺栓采用精细加工螺纹。

3）连杆螺栓杆身最小直径应等于或小于螺纹内径。

图2-13　连杆螺栓

4）连杆螺栓杆身上有定位环带。

5）连杆螺栓螺母有防松装置。

6）连杆螺栓的固紧：一般用专用工具拧紧，并在柴油发动机说明书中明确规定了紧固时的预紧度（一般用螺栓的伸长量、液压拉伸器的油压、扭力扳手的扭矩或螺母的旋转角度来衡量，这些方法也用于其他重要螺栓预紧力的控制）。

（4）连杆螺栓断裂的原因

1）没按照工艺要求装配，预紧力过大或过小。

2）螺纹配合过紧或过松。

3）轴承配合间隙过大产生很大的冲击载荷。

4）材料不符合要求或有缺陷。

5）拆装时扭伤螺纹。

6）连杆螺栓的断裂多发生在四冲程高速发动机中，主要是往复惯性力使连杆螺栓产生较大的交变拉应力引起的。

（5）预防连杆螺栓断裂的措施

1）按说明书规定的预紧力拧紧。

2）按工艺要求装配轴承间隙。

3）不得扭伤、碰伤螺纹和螺栓。

4）注意防松。

3. 连杆机构的工作环境与工作条件（受力分析、作用）

（1）连杆机构的工作条件

1）连杆机构需承受高温、高压、高速及化学腐蚀。

2）连杆机构需承受较大的机械负荷，包括各种力和汽车行驶时发动机本身质量引起的各种冲击力。

3）连杆机构承受复杂的热负荷——燃烧气体给予气缸壁的热量，主要通过气缸体来散失。

（2）连杆机构受力分析（图2-14）

1）连杆机构承受燃气的冲击作用。

2）连杆机构承受周期性变化的气体力、惯性力

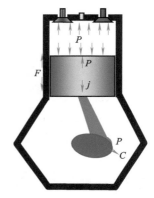

图2-14　连杆受力分析

作用；四冲程柴油发动机的连杆有时受压，有时受拉。四冲程发动机在排气行程末期、进气行程初期，连杆机构受拉力（此时惯性力大于气体力），其余行程受压力。

3）连杆机构与曲柄销、活塞销产生摩擦和磨损。

4. 连杆机构组件（图2-15）

2.3 柴油发动机连杆机构的校验施工

1. 连杆机构校验施工准备

（1）工具与设备准备

1）常用工具1套。

2）活塞环拆装钳1把。

3）卡环拆装钳1套。

4）活塞环收紧器1个。

5）连杆校正台1台。

6）柴油发动机1台。

7）零件摆设台架1台。

8）毛巾1条。

（2）理论知识准备

1）观察该发动机的连杆位置和外形并拍照记录。

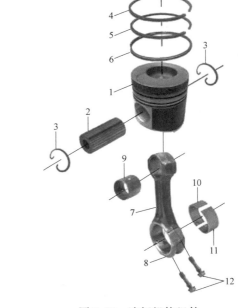

图2-15　连杆机构组件

1—活塞　2—活塞销　3—活塞销挡圈　4—梯形环　5—锥面环
6—油环　7—连杆体　8—连杆盖　9—连杆衬套
10、11—连杆轴瓦　12—连杆螺栓

2）简述该连杆的特征和材料。

_____

_____

_____

3）画图解释连杆机构的工作受力情况。

_____

_____

_____

_____

_____

_____

_____

4）简述连杆螺栓的安装注意事项。

_____

_____

_____

_____

_____

5）简述连杆轴瓦的安装注意事项。

_____

_____

_____

_____

_____

2. 连杆机构校验施工作业

（1）连杆机构拆装注意事项

1）在拆下活塞连杆组件前，应对连杆大端的轴向间隙进行检测。

2）检测连杆轴承径向间隙，并清洗轴承。清洗应注意：选用正确的清洗剂，清洗顺序、方法、零件摆放，清洗技术及质量要求。

3）取下连杆轴承盖，在曲轴连杆轴颈处安上塑料线规或软铅丝，然后按技术要求组装。再拆下连杆轴承盖取出已压展的线规，与标准色片比较或用量具测量。

4）检查连杆小端活塞销与衬套、活塞的配合间隙。

5）将活塞连杆组倒立放置在工作台上，用左手拇指和中指捏住活塞销两端，食指靠住连杆。前后、左右摇晃用手感凭经验检查。

6）拆下活塞将连杆大端在台虎钳上垂直固定，将磁座百分表触头与活塞销接触，摇动活塞销，百分表上读值即为测出的销与套的间隙。

7）拆下活塞用两手分别握住两端，甩动连杆，根据转动情况凭经验判断。

（2）连杆机构校验

1）在进行连杆检校前，首先应对连杆、连杆螺栓、活塞销等进行无损检测。其操作方法与曲轴无损检测相同。

2）对连杆轴心距（活塞销承孔中心到连杆轴承孔中心之间的距离）进行测量（辅助双弯检查）。

3）连杆变形的检验（图2-16）。将连杆装上检验仪并固定，装上标准心棒（或活塞销），注意：标准心棒（或活塞销）与支承孔的配合情况，应符合技术标准要求。百分表触头与活塞销（或心棒）柱面（或半月平面）接触，与连杆支承孔轴线重合：

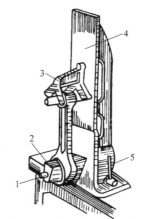

图2-16　连杆变形的检验
1—调整螺钉　2—菱形支承轴　3—量规
4—检验平板　5—锁紧支承轴扳杆

检测连杆的弯曲。与连杆支承孔轴线垂直：检测连杆的扭曲。将连杆翻面（转180°）检测，结合轴心距检查判断是否有双重弯曲。将检测结果做好记录，在连杆上做好方向记号以便校正。

4）三点规法：将连杆装上检验仪并固定，装上标准心棒（或活塞销）；将三点规V形槽放在心棒上，轻轻推动使三点端与检测平板接触，用塞尺推测其三点中与平板有无间隙，判断连杆的变形情况。

5）连杆变形的校正。将变形的连杆装在校正器上，注意检测时所作的记号、方向，以避免校反。校正时先校扭曲后校弯曲；先校大弯后校小弯；对于变形量较大的连杆，可加热（约300℃，过高则需要退火，过低效果差）校正。校正时要注意过压量（一般是变形量的10倍左右）并应保持一定的时间（应不少于30min）。校正后的连杆必须再次检验，如不合格，应再次校正。

6）连杆弯曲的校正。

7）连杆扭曲的校正。

2.4 任务的评估与检查

柴油发动机连杆机构校验评估与检查表，见表2-3。

表 2-3 柴油发动机连杆机构校验评估与检查

专业班级			学号		姓名	
考核项目	柴油发动机连杆机构校验					
考核项目	评分标准		教师评判		分值	评分
劳动态度（10%）	是否按照作业规范要求实施		是 □	否 □	10分	
现场管理（30%）	工作服装是否合乎规范		是 □	否 □	5分	
	有无设备事故		无 □	有 □	10分	
	有无人身安全事故		无 □	有 □	10分	
	是否保持环境清洁		是 □	否 □	5分	
实践操作（50%）	检测内容及操作	工、量具和物品是否备齐	充分□	有缺漏□	10分	
		检测操作	正确□	有错漏□	10分	
			熟练□	生疏□	10分	
		检测数据记录及分析判断			20分	
工作效率（10%）	作业时间是否超时		否□	是□	10分	
合计						

任务工单 3　柴油发动机活塞组件检修

3.1　工作中常见问题

1）活塞有何功用？工作条件如何？

2）活塞环的搭口形式有几种？

3）压缩环为何会泵油？有何危害？如何预防？

4）密封环、油环各起什么作用？各使用什么材料制造？

3.2　相关知识

1. 活塞组件（图 2-17）

（1）活塞组件的作用

1）活塞组件形成燃烧室的下部，与气缸盖、气缸壁等共同组成燃烧室。

2）活塞组件承力传力：承受气体压力，并将此力传给连杆，以推动曲轴旋转。

（2）活塞组件的组成　活塞组件由活塞、活塞环、活塞销组成。

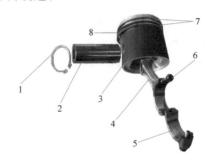

图 2-17　活塞组件
1—孔用弹性挡圈　2—活塞销　3—活塞　4—连杆体
5—连杆盖　6—连杆螺栓　7—气环　8—油环

2. 活塞（图 2-18）

（1）活塞的功用

1）活塞是组成燃烧室的一部分

2）活塞将气体力传给曲柄连杆机构实现能量转换。

3）活塞筒承受侧推力，起往复运动的导向作用。

4）十字头式活塞控制扫、排气口的启闭。

（2）活塞的工作条件

1）活塞承受周期性变化的气体力作用。

2）活塞承受热载荷作用。

3）活塞承受燃气的腐蚀和冷却液的腐蚀作用。

4）活塞承受机械摩擦作用。

5）活塞承受往复惯性力的作用。

（3）对活塞的要求　强度高、刚度大、气密可靠、冷却效果好、摩擦损失小、耐磨损。摩擦副应具有良好的润滑性、较小的磨损性以及较少的润滑油消耗量。对中、高速柴油发动机活塞还要求重量轻。

（4）活塞的构造

1）活塞根据所起作用的不同，结构分为三部分，活塞顶部、活塞头部和活塞裙部，如图 2-19 所示。

2）活塞顶部较厚，保证有足够强度。活塞顶部有平顶、凸

图 2-18　活塞

图 2-19　活塞结构
1—顶部　2—头部　3—裙部

顶、凹顶和成形顶四种类型，如图 2-20 所示。

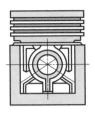
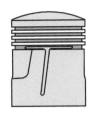
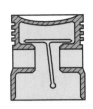
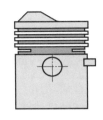

| 平顶活塞 | 凸顶活塞 | 凹顶活塞 | 成形顶活塞 |

图 2-20　活塞顶部

3）活塞头部指第一道活塞环槽到活塞销孔以上部分，如图 2-21 所示，有 3～4 道环槽，作用是承受气体的压力，安装活塞环，与活塞环一起实现气缸内气体的密封，同时将热量通过活塞环传给气缸壁。顶部内壁与裙部用大圆弧过渡连接，可减少应力集中。

4）活塞裙部是指从油环槽下端面起至活塞最下端的部分，其功用是在活塞运动的时候起导向作用，并承受侧压力。头部直径小于裙部直径，工作时使头部和裙部的热膨胀量趋于一致。活塞受热会膨胀，如图 2-22 所示。活塞销附近的裙部制成椭圆形，以消除热膨胀后出现的失圆。长轴在垂直于活塞销轴线方向上，短轴位于活塞销轴线方向上。

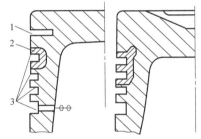

图 2-21　活塞头部
1—隔热槽　2—环槽护圈　3—环槽

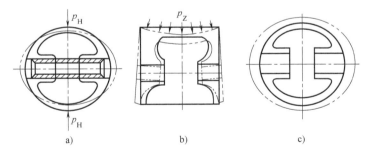

图 2-22　活塞膨胀

（5）活塞的材料　大型柴油发动机的活塞头用耐磨合金钢，裙部用铸铁；中、高速柴油发动机的活塞头用铸铁、铝合金、铸钢。

3. 活塞销（图 2-23）

（1）活塞销的工作条件

1）活塞销承受气体力和往复惯性力的作用。

2）活塞销尺寸小，轴颈压力很大。

3）活塞销工作时相对于活塞销座和连杆小端衬套的滑动速度小，温度高，单位承压面积压力大及变形，润滑条件差。

4）活塞销同其配合的轴承是柴油发动机中工作条件最恶劣的摩擦副之一。

（2）活塞销的要求 活塞销要有足够的疲劳强度、刚度、表面硬度和冲击韧度。

（3）活塞销的材料 一般用优质碳钢或合金钢，表面渗碳、淬火处理。

（4）活塞销的类型

1）固定式，活塞销固定在销孔的销座上，活塞销跟连杆小端衬套作相对滑动，这种装配形式使其在工作中形成冲击减小，但活塞销单边磨损严重。

图2-23 活塞销

2）半浮动式，活塞销与连杆小端固紧，两端与销孔是间隙配合，这种装配形式因润滑困难，目前很少使用。

3）浮动式，活塞销既可相对连杆小端衬套转动，又可相对销孔转动，这种装配形式使塞销表面相对速度低，磨损均匀，工作可靠，拆装方便，因而广泛应用于中、高速柴油发动机中。

铝合金活塞采用浮动式装配形式，在常温下，销与销孔是过盈配合，理由是铝合金材料的热膨胀系数比较高，这样在工作时（热态）才会有合适的间隙，装配时通常把活塞加热到90～100℃，然后将销轻轻地推入销孔中，切忌敲击，以免擦伤销和销座。销在销孔中必须轴向定位，以防轴向窜动而刮伤气缸套，一般用卡簧或塞子定位。

4. 活塞环（图2-24）

（1）活塞环的作用

1）活塞环密封燃烧室。

2）活塞环给活塞传递热量，散热。

3）活塞环对活塞中心布置进行定位支承。

4）活塞环可以布润滑油，润滑油布满气缸体。

5）利用活塞环对多余的润滑油进行刮油。

（2）活塞环的工作条件 活塞环受到高温高压燃气的作用、往复惯性力作用、气缸套摩擦力作用。

（3）活塞环在环槽中的运动分析 包括轴向运动、径向运动、回转运动、扭曲运动。

图2-24 活塞环

（4）对活塞环的要求 良好的密封性、耐磨性，足够的强度、热稳定性及弹性，表面硬度应稍高于气缸套。

（5）活塞环的气环

1）气环的作用：密封、散热、支承。

2）气环安装三隙：

① 气环的端隙 Δ_1（图2-25），又称为开口间隙，是活塞环装入气缸后开口处的间隙。一般为0.25～0.50mm；

② 气环的侧隙 Δ_2（图 2-26），又称边隙，是活塞环上下方向与环槽之间的间隙。第一道为 0.04 ~ 0.10mm；其他气环为 0.03 ~ 0.07mm。油环一般侧隙较小，为 0.025 ~ 0.07mm。

③ 气环的背隙 Δ_3（图 2-26）：是活塞环装入气缸后，活塞环背面与环槽底部的间隙，一般为 0.5 ~ 1mm。

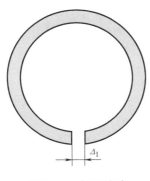
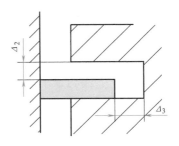

图 2-25　气环端隙　　　　　　　　　　　图 2-26　气环侧隙和背隙

3）气环的密封原理

① 第一道气环密封是依靠环自身的弹性，如图 2-27 所示。

② 第二道气环密封是依靠作用在环上表面和漏到环背内圆柱面的气体力，使环紧贴在环槽的下表面和气缸套的内壁上，如图 2-28 所示。

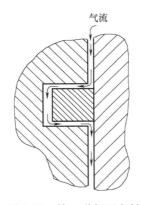
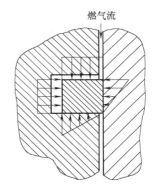

图 2-27　第一道气环密封　　　　　　　　图 2-28　第二道气环密封

③ 第二道气环密封比第一道气环密封更为重要（气体力比环弹力大得多），但没有第一道气环密封，就无法保证第二道气环密封。

4）气环的断面形状

① 矩形环特点：结构简单、制造方便、易于生产、与气缸壁接触面积大，散热好；但有泵油现象。

② 扭曲环特点：断面不对称，受力不平衡，使活塞环扭曲，减小泵油作用，减轻磨损。分内切槽环和外切槽环两种。安装扭曲环时常将内切槽环放在第二、第三道，目的是为下两道环切槽处存留润滑油，以利润滑。另外安装时应注意内切槽环的切槽朝上，外切槽环的切槽朝下。

③ 锥面环特点：减少了环与气缸壁的接触面，提高了表面接触压力，有利于磨合和密封；可形成油膜改善润滑，但导热性差，不适用于第一道环。

④ 梯形环特点：可将沉积在环中的结焦挤出，避免环折断，且密封性较好；但加工困难，精度要求高。

⑤ 桶面环特点：上下均可形成油膜，且对活塞的摆动适应性好，接触面小，利于密封，但外圆为凸圆弧形，加工困难。

5）气环的搭口形式有直搭口、斜搭口、重叠搭口，如图 2-29 所示。

6）气环的材料一般采用合金铸铁、可锻铸铁、球墨铸铁。为提高活塞环的工作能力，常采用的结构措施有：

① 表面镀铬以提高耐磨性。

② 松孔镀铬以提高表面储油性加快磨合。

③ 内表面刻纹镀铬以提高弹性。

④ 外表面镀铜以方便磨合。

⑤ 外表面喷镀钼以防止黏着磨损。

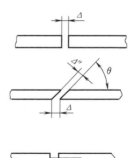
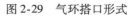

图 2-29　气环搭口形式

7）气环的泵油现象（图 2-30）

① 气环的泵油原理：活塞开始下行时，气环压在环槽上平面上，环在运动中把气缸壁上的油刮到环槽中。当活塞上行时，气环压在环槽下平面上，把环槽下方的润滑油挤到环的上方（上一道环槽下方）。如此周而复始，润滑油就逐渐向上窜入燃烧室内。

② 气环的泵油原因是存在侧隙和背隙或气环运动时在环槽中靠上靠下。

③ 气环泵油的危害如下：

a. 增加了润滑油的消耗。

b. 火花塞沾油不跳火。

c. 燃烧室积炭增多，燃烧性能变坏。

d. 环槽内形成积炭，挤压活塞环而失去密封性。

e. 加剧了气缸的磨损。

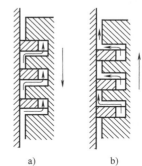

图 2-30　气环的泵油现象

④ 防止气环泵油的措施如下：

a. 正确安装气环。

b. 适当减小侧隙和背隙。

c. 采用扭曲环。

d. 采用组合式油环。

e. 油环下设减压腔。

（6）活塞环的油环

1）油环的材料采用合金铸铁。

2）油环的结构特点如下：

① 环与壁的接触面积小以提高刮油能力 。

② 环与槽的侧隙和背隙小,以降低泵油作用。

③ 油环开有泄油槽。

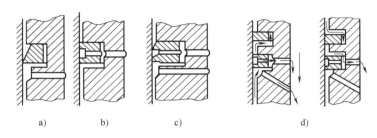

图 2-31　油环工作原理

3）油环的工作原理（图2-31），刮油环只能在活塞下行时起刮油作用，因此安装刮油环时要注意把刮刃尖端朝下，若方向装反，则会向上刮油，使大量润滑油窜入燃烧室。

3.3　柴油发动机活塞组件检修施工

1. 活塞组件检修施工准备

（1）工具与设备准备

1）常用工具 1 套。

2）活塞环拆装钳 1 把。

3）卡环拆装钳 1 套。

4）活塞环收紧器 1 个。

5）铜棒 1 根。

6）柴油发动机 1 台。

7）零件摆设台架 1 台。

8）毛巾 1 条。

（2）理论知识准备

1）画图分析活塞裙部的变形。

_____

2）简述活塞的特征和材料。

_____

_____

_____

_____

_____

3）画图解释活塞的工作受力分析。

_____

_____

4）简述活塞环和活塞的安装注意事项。

_____

_____

_____

_____

_____

_____

_____

_____

_____

_____

_____

_____

2. 活塞组件检修施工作业

（1）活塞连杆组拆卸

1）把气缸盖总成拆下。

2）转动翻转装卸台使缸体平卧，抽出油量尺，并拆下油量尺导管。

3）拆下油底壳固定螺栓，卸下油底壳。

4）拆下机油泵总成。

5）转动曲轴使某活塞处于下止点位置，再用扭力扳手及相应的套筒拆下连杆盖上的紧固螺母，取下连杆盖。

6）用锤柄或木棒将连杆组件推出气缸。取出后，将连杆盖及连杆螺栓螺母安装回连杆。

7）以相同的方法拆下其他活塞连杆组件。

8）活塞组件总成分解。

9）用活塞环拆装钳拆下活塞环。

10）用尖嘴钳拆下活塞销两端的锁环，然后用锤子和专用冲棒打出活塞销，使活塞与连杆分离。

11）拆下连杆大端的螺栓螺母，取下连杆盖，并将连杆杆、轴承及调整垫片（装配轴承无调整垫片）依次放妥。

（2）活塞连杆组安装

1）拆下拆装台中部支架与缸体的紧固螺栓，转动支架，使气缸体平卧。

2）按装配标记将活塞与连杆装复。注意：活塞销两端面与活塞销锁环之间有一定的间隙，锁环应卡入2/3环槽深度以上。

3）装上活塞环，并涂以润滑油，再将各道活塞环开口方向错开120°。注意活塞环的装配标记"O"必须朝上。

4）活塞连杆组总成总装。

5）在各气缸壁内涂以润滑油，再分别在活塞裙部、活塞销和连杆轴承表面涂以润滑油。

6）转动曲轴使某两缸连杆轴颈处于下端位置，再将这两缸的活塞连杆组件装入气缸。装入时应注意活塞与连杆上的标记应朝向发动机的前端。

7）用活塞环收缩环抱紧活塞环后，再用锤柄或木棒将活塞连杆组件轻轻打入气缸中。当连杆大端接近曲轴轴颈时，要用手托住连杆大端，并继续敲击活塞顶部，使之装配到位。

8）装上连杆盖，注意连杆盖上的标记应朝向发动机前端。装上连杆螺栓螺母，按规定力矩拧紧连杆螺栓。注意：每装好一道连杆，都应转动曲轴几圈，转动中应无沉重感，否则应查明原因，重新装配。以同样的方法和要求装复其他缸的活塞连杆组件。

9）装上输油泵传动轴，并拧紧锁止螺栓。

10）装上挺柱导向体（应按原记号装复），并拧紧其固定螺栓。

11）按原记号将各挺柱装入挺柱导向体承孔中。

12）装上机油泵总成及油管。

13）装上油底壳及密封垫，从油底壳的中间对称地向两端分几次拧紧油底壳的紧固螺栓。

14）转动翻转拆装台使油底壳朝下。

（3）维护注意事项

1）柴油发动机运行中的观察要点如下：

① 注意监视各运行参数。

② 确保气缸的润滑，防止润滑油中断。

③ 注意倾听运转声响。

2）柴油发动机冷却腔密封状况，若气缸套外表面有水漏出，说明气缸套外侧密封圈可能失效；若气缸套内表面有水漏出，说明气缸套或气缸盖可能有贯穿性裂纹或气缸注油器接头处漏水。

3）柴油发动机吊缸检查步骤

① 气缸盖进行下表面积炭、裂纹和烧伤检查，对冷却液腔积垢、腐蚀进行检查清理，气阀与阀座磨损和密封性检查，气缸盖与气缸套结合面密封性检查。

② 对气缸套应进行缸径测量、疏通注油孔及注油接头、检查气缸套水空间密封。

③ 清洗活塞组件、测量侧隙和背隙和搭口间隙。

3.4　任务的评估与检查

柴油发动机活塞组件检修评估与检查表，见表2-4。

表 2-4　柴油发动机活塞组件检修评估与检查表

专业班级			学号		姓名	
考核项目			柴油发动机活塞组件检修			
考核项目	评分标准		教师评判		分值	评分
劳动态度（10%）	是否按照作业规范要求实施		是　☐	否　☐	10 分	
现场管理（30%）	工作服装是否合乎规范		是　☐	否　☐	5 分	
	有无设备事故		无　☐	有　☐	10 分	
	有无人身安全事故		无　☐	有　☐	10 分	
	是否保持环境清洁		是　☐	否　☐	5 分	
实践操作（50%）	工、量具和物品是否备齐		充分☐	有缺漏☐	10 分	
	检测内容及操作	检测操作	正确☐	有错漏☐	10 分	
			熟练☐	生疏☐	10 分	
		检测数据记录及分析判断			20 分	
工作效率（10%）	作业时间是否超时		否☐	是☐	10 分	
合计						

任务工单 4　柴油发动机曲轴飞轮组件检修

4.1　工作中常见问题

1）曲轴有何作用？

2）曲轴工作条件如何？

3）曲柄的排列原则有哪些？

4）如何辨认曲柄和主轴颈？

4.2　相关知识

1. 曲轴（图 2-32）

（1）曲轴的作用

1）曲轴协助活塞的往复运动通过连杆变成回转运动。

2）曲轴将各气缸所做的功汇集起来向外输出。

3）曲轴带动附属设备正常工作，这些配件必须以配合柴油发动机正常工作，如喷油泵、进气阀、排气阀、起动空气分配器等。

（2）曲轴的工作条件

1）曲轴受力复杂，受交变的气体力、往复惯性力和离心力，以及它们所产生的弯矩和扭矩的作用。

2）应力集中严重，一根曲轴是由若干个彼此间错开一定角度的曲柄以及功率输出端和自由端构成。每个曲柄是由主轴颈、曲柄销和曲柄臂组成，

图 2-32　曲轴

曲轴上还钻有润滑油孔。各种因素使曲轴内部的应力分布极不均匀，在曲柄臂和轴颈的过渡圆角处及润滑油孔周围将产生严重的应力集中。其中以曲柄臂与曲柄销的过渡圆角处最为危险。

3）附加应力很大，曲轴在径向力、切向力和扭矩的作用下会产生扭转振动、横向振动和纵向振动。当曲轴的自振频率较低时，在柴油发动机工作转速范围内可能出现共振，而使振幅大大增加，产生很大的附加应力。

4）曲轴的轴颈槽容易受磨损。

（3）对曲轴的要求

1）曲轴具有足够的强度和刚度。

2）曲轴各轴颈应具有足够的承压面积和较高的耐磨性。

3）曲轴具有合理的曲柄排列和发火顺序。

4）曲轴疲劳强度高，工作安全可靠。

（4）曲轴的材料要求

1）曲轴常用的材料有优质碳钢、合金钢和球墨铸铁。一般柴油发动机的曲轴常用优质碳钢制造。

2）为了提高曲轴疲劳强度和耐磨性能，中、高速柴油发动机的曲轴采用合金钢制造。

3）球墨铸铁铸造的曲轴经常应用在低速柴油发动机中。

（5）曲轴的类型

1）整体式曲轴，整根曲轴由整体锻造或铸造，常用于中、小型柴油发动机。由于大型锻造设备的出现，大型低速柴油发动机也已有采用整体式曲轴的产品。

2）套合式曲轴，有半套合式和全套合式两种。目前大型低速柴油发动机常用半套合式曲轴。

3）焊接式曲轴，焊接工艺是近代曲轴制造工艺中一个重要成就。它不仅消除了大型件锻造的困难，而且还能使曲轴的重量较套合式结构有大幅度降低。此外，焊接式曲轴由于其曲柄臂底部能与主轴颈外圆接近齐平，因而能使连杆长度得以缩短，从而使发动机高度尺寸大为减小。

（6）曲轴的构造（图 2-33）

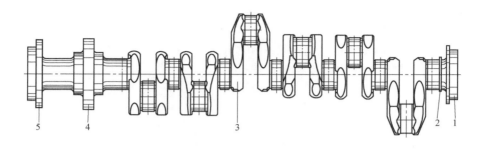

图 2-33　柴油发动机焊接式曲轴

1—自由端法兰　2—轴向减振器　3—单位曲柄　4—推力环　5—功率输出端法兰

1）曲轴主要由若干个单位曲柄和自由端、功率输出端及平衡重块等组成。

2）单位曲柄是曲轴的基本组成部分，由主轴颈，曲柄销和曲柄臂组成。曲柄臂上装有平衡重块用以平衡离心惯性力。推力轴和曲轴为一体，可缩短柴油发动机长度，推力环用以传递轴向推力和轴向定位。自由端法兰安装扭振减振器，输出端法兰用于连接中间轴。普通圆角：将引起轴颈有效长度的缩短。车入式圆角：不但可增大过渡圆角半径，而且轴颈的有效工作长度也不用缩短，经冷滚压加工，以提高疲劳强度。

3）曲轴的曲柄都是以气缸的号数命名的。气缸的排号有两种方法，一种是由自由端排起，另一种是由动力端排起。我国和大部分国家都是采用由自由端排起。

2. 主轴承（图 2-34）

（1）主轴承的功用

1）主轴承支承曲轴，保证曲轴工作轴线方向。

2）最后一道主轴承起定位作用，防曲轴发生振动和轴向窜动。

图 2-34　主轴承

（2）主轴承的工作条件

1）主轴承承受曲轴传来的气体力和惯性力作用。

2）主轴承承受主轴颈的摩擦、磨损。

3）主轴承承受润滑油的腐蚀作用。

（3）对主轴承的要求

1）主轴承的轴瓦要有高的承载能力和疲劳强度。

2）主轴承要有足够的热强度和热硬度。

3）主轴承要有较好的耐蚀性，有减摩性和耐磨性。

4）主轴承的轴瓦能均匀布油，并带走摩擦热量。

（4）主轴承的材料

1）采用巴氏合金制造，巴氏合金包括锡基巴氏合金和铅基巴氏合金。

① 锡基巴氏合金：广泛应用于船用低、中速柴油发动机的主轴承、曲柄销轴承、十字头轴承及轴系的中间轴承等。

② 铅基巴氏合金：用于中、小型中等负荷以及工作温度小于 120℃ 的轴承。

2）采用铜基轴承合金制造。

3）采用铝基轴承合金制造。

（5）主轴承间隙的测量与调整

1）主轴承间隙的测量方法包括塞尺法和压铅法

① 塞尺法：间隙值为塞尺厚度加上 0.05mm。

② 压铅法：铅丝直径。

2）主轴承间隙的调整方法

① 增减或更换轴瓦两端垫片时，垫片厚度和数目均应相同，否则轴承会发生歪斜。

② 垫片的数目应尽量少，以减少垫片间的弹性变形。

③ 垫片应选用数倍于 0.05mm 的垫片。

④ 拧紧轴承螺母时，要均匀拧紧，紧度适当，绝不能用放松或拧紧螺母的方法调整轴承间隙。

（6）主轴承的轴瓦（图 2-35）使用薄壁轴瓦，其特点

1）主轴承的轴瓦不准拂刮。

2）主轴承的轴瓦无调整垫片。

3）主轴承轴瓦的瓦口不可锉削（轴瓦与轴承座过盈配合）。

3. 飞轮（图 2-36）

（1）飞轮的功用

图 2-35　主轴承的轴瓦

图 2-36　飞轮

1）飞轮使柴油发动机回转角速度趋于均匀。

2）飞轮协助柴油发动机起动（根据柴油发动机的机型的不同，飞轮轮缘上有的装有飞轮齿圈，有的装有涡轮）。

3）飞轮保证柴油发动机空车运转的稳定性。

4）飞轮将动力传给离合器。

5）飞轮可以克服短暂的超负荷情况。

（2）飞轮的材料　柴油发动机的飞轮通常用铸铁、铸钢或锻钢制成轮缘形结构，使其大部分质量集中在轮缘处，以较小的质量获得尽可能大的转动惯量。

（3）飞轮的特征　飞轮轮缘上刻有"1、6"缸上止点记号等定时标记，如图 2-37 所示，作为定时调整的基准。

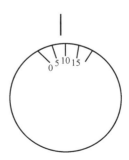

图 2-37　飞轮轮缘上的定时标记

4. 曲轴飞轮组件零件图（图2-38）

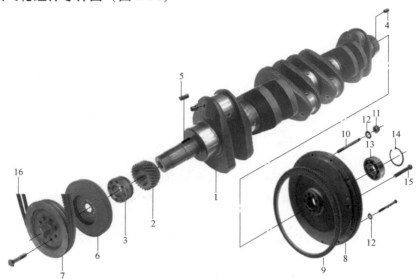

图2-38　曲轴飞轮组件零件图

1—曲轴　2—曲轴齿轮　3—法兰　4—圆柱销　5—普通平键　6—减振器　7—带轮　8—飞轮　9—飞轮齿圈
10、15—螺栓　11—六角螺母　12—波形弹性垫片　13—球轴承　14—孔用弹性挡圈　16—传动带

4.3　柴油发动机曲轴飞轮组件检修施工

1. 曲轴飞轮组件检修施工准备

（1）工具与设备准备

1）常用工具1套。

2）活塞环拆装钳1把。

3）卡环拆装钳1套。

4）活塞环收紧器1个。

5）柴油发动机1台。

6）零件摆设台架1台。

7）毛巾1条。

（2）理论知识准备

1）观察该发动机的曲轴位置和外形并拍照记录。

_____

2）简述曲轴的特征和所用材料。

_____

_____

3）简述曲轴的安装注意事项。

_____

_____

_____

4）简述曲轴的润滑方式。

_____

_____

_____

_____

_____

_____

2. 曲轴飞轮组件检修施工作业

（1）曲轴飞轮组的拆卸

1）拆下起动爪，用顶拔器拉出带轮扭转减振器总成。

2）拧松各主轴承盖螺栓，转动发动机拆装台，使曲轴朝上，做好各道主轴承盖上的装配标记。

3）将气缸体固定在拆装台中部的支架上，分别拆下前悬置支架和飞轮壳的固定螺栓，卸下前悬置支架和拆装台的支承座。

4）拆下正时齿轮盖螺栓，卸下正时齿轮盖。

5）用撬棒抵住曲轴，拆下飞轮固定螺栓的锁紧垫圈及螺栓，卸下飞轮。

6）拆下飞轮壳固定螺栓，卸下飞轮壳。

7）拆下曲轴后油封挡片固定螺栓，取下油封挡片。

8）拆下各道曲轴主轴承盖螺栓，卸下曲轴总成，并将各主轴承盖及轴承依次放妥。

9）用专用工具拆下曲轴后油封。

10）拆下曲轴正时齿轮。

11）用锤子和铜棒从飞轮上击下齿圈。

12）拆下分电器传动轴锁止螺栓，再取出分电器传动轴。

13）拆下前后挺柱。

14）松开挺柱导向体紧固螺栓，分别卸下前后挺柱导向体总成。

15）凸轮轴的拆卸。

16）转动凸轮轴使正时齿轮的两孔与止推突缘的两固定螺栓对准。

17）拆下凸轮轴止推凸缘的固定螺栓。

18）抽出凸轮轴总成。凸轮轴如不易取出，应适当转动后取出。

（2）曲轴飞轮组安装

1）将飞轮齿圈加温至300~400℃后，套入飞轮台阶，再用铜棒轻击齿圈，使之装配到位，冷缩后紧固。

2）清洁各机件的装配结合面及油孔道，装回润滑油道螺塞。

3）在曲轴前端装上曲轴止推垫圈和曲轴正时齿轮隔圈，注意有倒角的一面应朝后装。

4）装上半圆键后，用专用工具将正时齿轮压入曲轴前端，正时标记应朝前面装。

5）将主轴承的上片按标记分别装入各轴承座孔中，并在轴承的工作表面涂以润滑油。

6）在曲轴各道主轴颈上涂以润滑油，并将曲轴装入气缸体。

7）将各道主轴承盖的轴承内表面涂以润滑油，装上后按规定的力矩先预紧轴承盖螺栓。

8）在凸轮轴上装上止推凸缘。正时齿轮、锁紧垫圈及锁紧螺母，按规定力矩拧紧锁紧螺母，并将其锁止。止推凸缘要有一定轴向间隙。

9）装上凸轮轴，注意凸轮轴正时齿轮与曲轴正时齿轮上的标记应对准，再拧紧凸轮轴止推凸缘的两个紧固螺栓。

10）将曲轴前油封装入正时齿轮室盖的承孔中，装油封前应在油封外壳涂一层密封胶，油封刃口涂以润滑油（脂）。

11）装上曲轴挡油盘和正时齿轮室盖。

12）装上前悬架支架、带轮扭转减振器总成及起动爪。

13）装上飞轮壳，按规定角拧紧飞轮壳规定螺栓。

14）用专用工具装上曲轴后油封、油封挡片，并拧紧固定螺栓。

15）装上飞轮，按规定力矩拧紧固定螺栓并予以锁止。

16）装上翻转拆装台的支承座，拧紧支承座与发动机飞轮壳上的固定螺栓。

17）将发动机前悬置装到拆装台的支承座上。

18）用扭力扳手，按由中间到两边的顺序分别拧紧各道主轴承盖的螺栓。中间主轴承盖螺栓的拧紧力矩为 $100 \sim 120 N \cdot m$，其余主轴承盖螺栓拧紧力矩为 $140 \sim 160 N \cdot m$。注意：每紧一道主轴承盖螺栓，都应转动曲轴几圈，转动过程中不得有过重现象，否则要查明原因，及时调整。

19）将密封条打入后主轴承盖与缸体的缝隙中，并修平密封条。

4.4 任务的评估与检查

柴油发动机曲轴飞轮组件检修评估与检查表，见表 2-5。

表 2-5 柴油发动机曲轴飞轮组件检修评估与检查表

专业班级			学号		姓名		
考核项目		柴油发动机曲轴飞轮组件检修					
考核项目	评分标准		教师评判			分值	评分
劳动态度（10%）	是否按照作业规范要求实施		是 □	否 □		10 分	
现场管理（30%）	工作服装是否合乎规范		是 □	否 □		5 分	
	有无设备事故		无 □	有 □		10 分	
	有无人身安全事故		无 □	有 □		10 分	
	是否保持环境清洁		是 □	否 □		5 分	
实践操作（50%）	工、量具和物品是否备齐		充分□	有缺漏□		10 分	
	检测内容及操作	检测操作	正确□	有错漏□		10 分	
			熟练□	生疏□		10 分	
		检测数据记录及分析判断				20 分	
工作效率（10%）	作业时间是否超时		否□	是□		10 分	
合计							

项目三

柴油发动机配气机构检修

任务工单1 柴油发动机配气机构认识

1.1 工作中常见问题

1）柴油发动机进气增压的目的是什么？有哪几种类型？
2）什么是充气效率？
3）配气机构的功用与分类、组成是哪些？
4）配气相位是什么？

1.2 相关知识

1. 配气机构的结构原理

（1）配气机构的功能作用 柴油发动机配气机构的功能作用是：根据气缸的工作次序，定时开启或关闭进气门和排气门，以保证气缸吸入新空气和排出废气。

（2）配气机构的结构组成（图3-1）柴油发动机配气机构总体由：凸轮轴、挺柱、推杆、摇臂轴、摇臂、气门弹簧座、气门弹簧、气门导管、气门和气门座等组成。

（3）配气机构的工作原理

1）曲轴旋转，通过曲轴正时齿轮和齿轮传动装置带动凸轮轴转动。

2）凸轮轴带动凸轮型面上升，挺柱滚轮贴紧于凸轮型面。当挺柱由凸轮型面推动上升时，推杆及摇臂与推杆接触的一端也被顶上移，推动摇臂绕摇臂轴摆动。摇臂与气门连接的一端向下压气门横臂，气门横臂压在两个同名气门（双进气或双排气）上，使气门弹簧压缩，气门下降而离开气门座孔，气门因此逐渐开启。

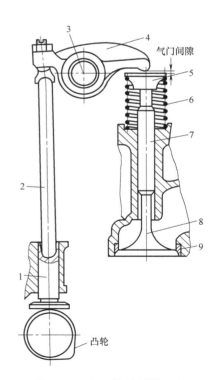

图3-1 配气机构的结构组成
1—挺柱 2—推杆 3—摇臂轴 4—摇臂
5—气门弹簧座 6—气门弹簧 7—气门导管 8—气门 9—气门座

3）当挺柱与凸轮在型面顶端接触时，气门弹簧压缩量达到最大值，气门开度最大。当凸轮型面的顶端转过后，气门挺柱和气门推杆逐渐下移，摇臂回摆，摇臂和气门弹簧的压力减小，在气门弹簧复原力作用下，气门随之上升，气门逐渐与气门座接近，即气门开度逐渐减小，最后达到气门全闭——气门与气门座贴紧密闭气缸。当气门全闭时，气门与摇臂脱离接触。

4）四冲程发动机每完成一个工作循环，各缸的进、排气门需要开闭一次，即需要凸轮轴转过一圈，而曲轴需要转两圈。曲轴转速与凸轮轴转速之比（传动比）为2:1。

（4）配气机构的类型

1）柴油发动机的凸轮轴布置位置可分为中置凸轮轴和下置凸轮轴。中置凸轮轴的配气机构（图3-2）是将凸轮轴布置在曲轴箱上。这种结构多用于柴油发动机，一般采用在一对正时齿轮之间加入一个中间齿轮（惰轮）进行传动。下置凸轮轴的配气机构（图3-3）是将凸轮轴布置在曲轴箱上。这种结构布置的主要优点是凸轮轴离曲轴较近，可用一对正时齿轮驱动，传动简单，但是存在零件较多、传动链长、系统弹性变形大、影响配气准确性等缺点。

图3-2 中置凸轮轴的配气机构

图3-3 下置凸轮轴的配气机构

2）柴油发动机的配气机构按每缸气门的数目分，可分为：双气门、三气门、四气门和五气门。传统发动机一般采用每缸双气门（一个进气门，一个排气门）。为了改善发动机的充气性能，应尽量加大气门的直径，但由于气缸的限制，气门的直径不能超过气缸直径的一半。柴油发动机采用多气门结构（三至五气门，常用为四气门），如图3-4所示，可使发动机的进、排气流通截面面积增大，提高充气效率，改善发动机的动力、燃油经济性和排放性能。

（5）配气机构的正时要求 柴油发动机的配气机构是发动机组件中的核心部件，配气机构的工作性能好坏，对发动机有重要影响。根据发动机的工作要求，配气机构的气门要关闭严密，开闭及时且开度足

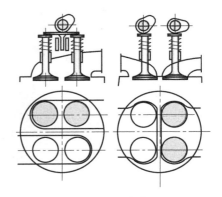

图3-4 四气门

够。如气门关闭不严，在压缩行程会发生漏气，造成气缸压力不足和燃气燃烧不充分；在做功行程会泄压，使燃气压力降低。如果气门开闭不及时或开度不够，则会使进气不充分，排气不彻底。上述情况都会严重影响柴油发动机的功率，甚至使发动机不能起动。

2. 充气效率

新鲜空气或可燃混合气被吸入气缸越多，发动机可能发出的功率越大。新鲜空气或可燃混合气充满气缸的程度，用充气效率表示，它是指在每个循环中，实际进入气缸的充气量与进气状态下充满气缸工作容积的理论充气量的比值。充气效率越高，表明进入气缸的新鲜空气越多，可燃混合气燃烧时可能放出的热量也就越大，发动机的功率也越大。充气效率和进气终了压力、进气终了温度及气缸内残余废气量有关。减少进气系统流通阻力，如进、排气管道壁面光滑平直，可使气流流通阻力减小，提高进气终了压力。使用多进气门机构可以有效提高进气终了压力，并使气缸内残余废气量减少。如上海柴油机股份有限公司生产的6135Q-1型车用柴油发动机，由双气门改为四气门后，15min标定功率由154kW提高到194kW，最大扭矩由784N·m提高到920N·m，燃油经济性和排气温度均得到相应改善。目前中、小排量以上轿车发动机，已普遍采用四气门结构。发动机增压，可以较大幅度提高进气终了压力，有效改善发动机性能。另外，在使用中应特别注意对空气滤清器的清洁保养，以保证进气畅通，提高充气效率。进气终了温度越高，充入气缸中的工质密度越小，新鲜充量越少。因此，进、排气管道分置于气缸盖的两侧，适当加大气门重叠角，有利于降低进气终了温度。

3. 配气机构零件图（图3-5）

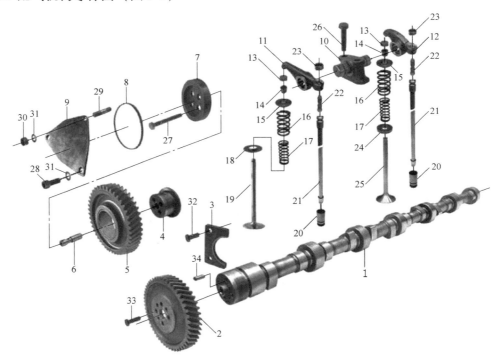

图3-5　配气机构零件图

1—凸轮轴　2—凸轮轴正时齿轮　3—凸轮轴止推片　4—中间齿轮轴　5—中间齿轮总成　6—轴　7—挡板　8—密封圈
9—盖板　10—气门摇臂座　11—进气门摇臂　12—排气门摇臂　13—气门帽　14—气门锁夹　15—气门弹簧上座
16—气门外弹簧　17—气门内弹簧　18—进气门弹簧下座　19—进气门　20—气门挺柱　21—气门推杆总成
22—气门间隙调整螺钉　23—气门间隙调整螺母　24—排气门弹簧下座　25—排气门　26、27—六角头螺栓
28—内六角圆柱头螺钉　29—双头螺柱　30—六角螺母　31—波形弹性垫圈　32、33—六角头螺栓　34—圆柱销

1.3　柴油发动机配气机构外观检查施工

1. 配气机构外观检查施工准备

（1）工具与设备准备

1）常用工具 1 套。

2）撬棍 1 根。

3）铜棒 1 根。

4）塞尺 1 把。

5）气门拆装器 1 个。

（2）理论知识准备

1）观察该发动机配气机构的位置、形式和外形并拍照记录。

2）简述配气机构的组成部件及其工作原理并拍照记录。

3）简述配气机构的拆装注意事项。

4）简述配气机构的检查项目。

2. 配气机构外观检查施工作业

（1）配气机构拆卸

1）拆卸气缸盖罩，气缸盖罩拆装使用 15mm 套筒。

2）拆装摇臂，松开摇臂调整螺钉直到其停止转动，从摇臂轴座上拆下气缸盖螺栓，然后将整个摇臂作为一个总成进行提升。

3）拆卸挺杆。

4）拆卸气缸盖和气缸垫。

5）拆卸气门传动组。

6）拆卸气门组件。

7）拆卸挺柱。

8）拆卸凸轮轴，转动曲轴，将第一气缸设定在上止点记号位置（即正时齿轮记号），如图3-6所示，否则当拆卸凸轮轴时，凸轮轴将会卡住，当拆卸凸轮轴时，一边转动一边用恒定的力将其拉出。

9）认识凸轮轴、挺柱、推杆、摇臂轴、摇臂、弹簧座、气门弹簧、气门、气门导管等零件。

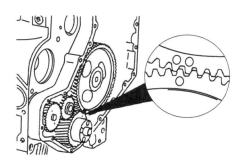

图3-6　正时齿轮记号

（2）配气机构安装

1）将挺杆涂以润滑油放入原挺杆导向体的孔内，根据导向体上的前后记号分别将装有导向体总成用定位环和螺栓安装在气缸缸体的相应位置上，均匀地扭至70～80N·m。

2）检查所有挺杆是否能上下移动和灵活转动。

3）将挺杆室盖板和密封圈用螺栓及螺栓密封圈总成拧紧在机体上。

4）将机体朝上置于台架上，并要牢固可靠。

5）若气缸盖定位销已拆掉，应将定位销打入气缸缸体定位销孔中，不得歪斜，否则应修正。

6）将气缸垫擦净，以定位销定位置于气缸缸体上，若为钢质带卷边，则卷边应朝上。

7）各气缸缸壁沿圆周均匀地注入20g润滑油。

8）将气缸盖吹净，用定位销定位并安装在气缸垫上。

9）把气缸盖螺栓螺纹部分蘸上润滑油后拧入各螺栓孔中。

10）从中间向两端均匀地分2～3次紧固，力矩为100～120N·m。

11）装进、排气歧管及气缸垫，并将螺栓蘸上润滑油，从中间向两端扭至30～40N·m。

12）摇臂轴总成的安装

① 应将气门调整螺钉退出至最高位置，以免在扭紧摇臂支架螺栓时顶弯推杆。

② 将推杆两端蘸上润滑油后，按原位置装进推杆孔，并要保证落到挺杆的球面座内。

③ 把气门帽装在涂过润滑油的气门杆端部。

④ 将上述摇臂轴总成安装到气缸盖上，用定位环保证其他安装位置。

13）将螺栓螺纹部分涂上润滑油旋入两定位环孔的紧固螺栓，再旋入其余螺栓，M8的螺栓紧固力矩20～30N·m，M10的螺栓紧固力矩30～40N·m。

14）同时检查各摇臂，应转动灵活，摇臂两端与摇臂轴支座间轴向间隙应小于0.05mm。

1.4　任务的评估与检查

柴油发动机配气机构外观检查评估与检查，见表3-1。

表 3-1　柴油发动机配气机构外观检查评估与检查

专业班级		学号		姓名		
考核项目	柴油发动机配气机构外观检查					
考核项目	评分标准	教师评判		分值	评分	
劳动态度（10%）	是否按照作业规范要求实施	是　□	否　□	10 分		
现场管理（30%）	工作服装是否合乎规范	是　□	否　□	5 分		
	有无设备事故	无　□	有　□	10 分		
	有无人身安全事故	无　□	有　□	10 分		
	是否保持环境清洁	是　□	否　□	5 分		
实践操作（50%）	检测内容及操作	工、量具和物品是否备齐	充分□	有缺漏□	10 分	
		检测操作	正确□	有错漏□	10 分	
			熟练□	生疏□	10 分	
		检测数据记录及分析判断			20 分	
工作效率（10%）	作业时间是否超时	否□	是□	10 分		
合计						

任务工单 2　柴油发动机气门组件检修

2.1　工作中常见问题

1）发动机的气门组的位置在哪里？

2）发动机气门形式和外形有哪些？

3）气门组的组成部件有哪些？

4）气门磨损形式和处理方法有哪些？

2.2　相关知识

1. 气门组件零件组成

气门组件的结构组成，如图 3-7 所示，气门组件是由气门、气门座、气门导管、气门弹簧等零件组成的。

（1）气门（图3-8）

1）气门的作用是密封进气道与排气道。

2）气门分为进气门与排气门两种。

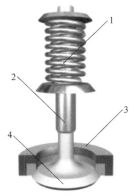

图3-7　气门组件
1—气门弹簧　2—气门导管
3—气门座　4—气门

图3-8　气门

3）气门的构造。气门由头部和杆身组成，其特点如下：

① 气门头部用来封闭进气道与排气道。气门头部与具有腐蚀介质的高温燃气接触，并在关闭时承受很大的落座冲击力。

② 气门头顶面的形状有平顶、凹顶和凸顶。平顶气门（图3-9）结构简单，制造方便，吸热面积小，质量小，应用最多；凹顶气门（图3-10）适合做进气门，不宜做排气门；凸顶气门（图3-11）适合于排气门。

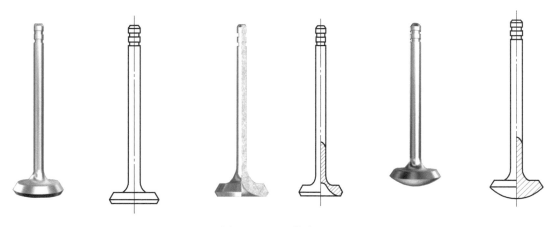

图3-9　平顶气门　　　　　图3-10　凹顶气门　　　　　图3-11　凸顶气门

③ 气门头有一密封锥面 b，如图3-12所示，它与气门座密封锥面配合，起到密封气道的作用。气门密封锥面与顶平面之间的夹角 α 称为气门锥角，其锥角 α 一般为45°。为保证密合良好，装配前应将气门头部与气门座的密封锥面互相研磨，使其接触时不漏气。研配好

的气门不能互换。

④ 杆身在气门开闭过程中起导向作用。气门的杆身润滑困难，处于半干摩擦状态下工作。气门杆与气门导管配合，气门杆为圆柱形，气门开、闭过程中，气门杆在气门导管中做上、下往复运动。因此，要求气门杆与气门导管有一定的配合精度，杆身应具有耐磨性，气门杆表面须经过热处理和磨光。

⑤ 气门杆与弹簧连接有两种形式，如图 3-13 所示。一种是锁夹固定式，在气门杆端部的沟槽上装有两个半圆形锥形锁夹 4，弹簧座 3 紧压锁夹，使其紧箍在气门杆端部，从而使弹簧座、锁夹与气门联接成一整体，与气门一起运动。另一种是以锁销固定式，在气门杆端有一个用来安装锁销的径向孔，通过锁销 5 进行连接。

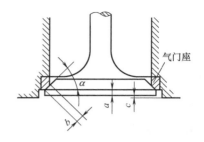

图 3-12 密封锥面 b

4）气门的材料必须有足够的强度、刚度、耐高温性、耐蚀性和耐磨性。进气门一般采用中碳合金钢，排气门多采用耐热合金钢，气门杆多采用镀钛耐热合金钢，渗氮处理。

（2）气门座（图 3-14）

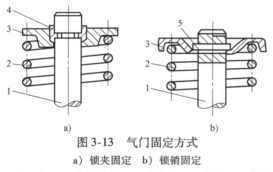

图 3-13 气门固定方式
a）锁夹固定 b）锁销固定
1—气门杆 2—气门弹簧 3—弹簧座 4—锁夹 5—锁销

图 3-14 气门座

1）气门座的作用。气缸盖的进、排气道与气门锥面相贴合的部位称为气门座。它与气门头部锥面紧密贴合以密封气缸，同时接受气门头部传来的热量，起到对气门散热的作用。

2）气门座的构造。气门座可在气缸盖上直接镗出，但大多数发动机的气门座是用耐热合金钢单独制成的座圈，称为气门座圈。将气门座圈压入气缸盖（体）中，可以提高使用寿命且便于维修更换；缺点是导热性差，如与气缸盖上的座孔配合过盈量选择不当，工作时座圈可能脱落，造成重大事故。气门座的锥角（图 3-15）由三部分组成，其中 45°（30°）的气门座锥面与气门密封锥面贴合，如图 3-16 所示。要求密封锥面的贴合宽度 b 为 1 ~

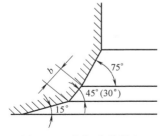

图 3-15 气门座的锥角

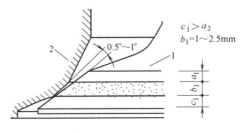

图 3-16 气门座锥面与气门密封锥面贴合

2.5mm，以保证一定的座合压力，使密封可靠，同时又有一定的导热面积。

3）气门座的材料多采用耐热钢。

（3）气门导管（图3-17）

1）气门导管的作用是在气门做往复直线运动时进行导向，以保证气门与气门座之间的正确配合与开闭。另外，气门导管还在气门杆与气缸盖之间起导热作用。

图3-17　气门导管

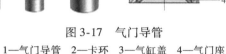
1—气门导管　2—卡环　3—气缸盖　4—气门座

2）气门导管的材料多采用合金铸铁、灰铸铁、球墨铸铁或冶金粉末制成。当凸轮直接作用于气门杆端时，承受侧向作用力。气门导管与气缸盖上的气门导管孔为过盈配合，气门导管内、外圆柱面经加工后压入气缸盖中，然后精铰内孔。为防止气门导管在工作中松落，采用卡环定位。

3）气门导管的导管间隙。气门与气门导管间留有0.05～0.12mm的微量间隙，使气门能在导管中自由运动，适量的配气机构飞溅出来的润滑油由此间隙对气门杆和气门导管进行润滑。若间隙过小，会导致气门杆受热膨胀与气门导管卡死；若间隙过大，会使润滑油进入燃烧室燃烧，产生积炭，加剧活塞、气缸和气门磨损，增加润滑油消耗，同时造成排气时冒蓝烟。为了防止过多的润滑油进入燃烧室，很多发动机在气门导管上安装有橡胶油封。

（4）气门弹簧（图3-18）

1）气门弹簧作用是保证气门复位。在气门关闭时，保证气门及时关闭，气门和气门座紧密贴合，同时防止气门在发动机振动时因跳动而破坏密封；在气门开启时，保证气门不因运动惯性而脱离凸轮。

2）气门弹簧构造。气门弹簧多为圆柱形螺旋弹簧，发动机只装一根气门弹簧时，可采用变螺距弹簧，如图3-19所示，以防止共振。现在有些柴油发动机装两根弹簧，如图3-20所示，弹簧内、外直径不同，旋向不同，它们同心安装在气门导管的外面，不仅可以提高弹簧的工作可靠性，防止共振的产生，

图3-18　气门弹簧

还可以降低发动机的高度，而且当一根弹簧折断时，另一根还能继续维持工作，使气门不至于落入气缸中。

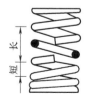

图3-19　变螺距弹簧

图3-20　双弹簧

2. 气门组件的工作要求

（1）气门间隙　气门间隙是指发动机冷态、气门关闭时，气门与摇臂之间的间隙或凸轮与垫片之间的间隙。其作用是为气门及驱动组件工作时留有受热膨胀的余地。气门间隙的大小由发动机制造厂根据试验确定。一般在冷态时，进气门的间隙为 0.20~0.25mm，排气门的间隙为 0.25~0.35mm，具体数据见表 3-2，部分柴油发动机气门间隙（冷态）数据。如果气门间隙过小，发动机在热态下可能关闭不严而发生漏气，导致充气功率下降，甚至烧坏气门。如果气门间隙过大，则会使传动零件之间以及气门与气门座之间撞击声增大，并加速磨损。同时，也会使气门开启的延续角度变小，气缸的充气及排气情况变差。发动机工作中，由于气门、驱动机构及传动机构零件磨损，会导致气门间隙产生变化，因此设有气门间隙调整螺钉或调整垫片等气门间隙调整装置时，应注意检查调整。

表 3-2　部分柴油发动机气门间隙（冷态）数据　　　　　　（单位：mm）

生产厂商	发动机型号	名　称	冷　态
潍柴	WD615 系列柴油发动机	进气门	0.30
		排气门	0.40
玉柴	YC4G-30	进气门	0.35±0.05
		排气门	0.40±0.05
东风	EQ6100-1	进气门	0.45~0.50
		排气门	0.55~0.60
解放	CY6102BQ-6	进气门	0.40
		排气门	0.40
上柴	135 系列	进气门	0.3
		排气门	0.35
解放	CA10B 系列	进气门	0.25
		排气门	0.25

（2）配气相位　气门从开始开启到最后关闭的曲轴转角，称为配气相位，通常用配气相位图表示，如图 3-21 所示。如果设计四冲程发动机的进气门当曲拐处在上止点时开启，在曲拐转到下止点时关闭；排气门则当曲拐在下止点时开启，在上止点时关闭。进气时间和排气时间各占 180° 曲轴转角，但是实际上由于发动机转速很高，活塞每一行程时间很短（0.005s），在这样短的时间内换气，易造成进气不足和排气不彻底，影响发动机功率。另外，气门开启也需要一个过程。因此，现代发动机气门的开启和关闭时刻不是活塞处在上、下止点的时刻，而是提前开启、延迟关闭一定的曲轴转角，即气门"早开晚闭"，从而改善进、排气状况，提高发动机功率。

1）进气门的配气相位

① 进气提前角，从进气门开始开启到活塞到达上止点所对应的曲轴转角称为进气提前角，用 α 表示，α 角一般为 10°~30°。进气门早开能使新鲜空气多一些进入气缸。

② 进气滞后角，从下止点到进气门关闭所对应的曲轴转角称为进气滞后角，用 β 来表示，β 角一般为 40°~80°。利用气流惯性和压差继续进气，有利于充气。进气持续角即进气门实际开启时间所对应的曲轴转角为 $\alpha+180°+\beta$，为 230°~290°。

2）排气门的配气相位

① 排气提前角　从排气门开始开启到活塞到达下止点所对应的曲轴转角称为排气提前角，用 γ 来表示，γ 角一般为 $40°\sim80°$。这样，可使活塞上行时所消耗的功率大为减小，防止发动机过热。

② 排气滞后角　从上止点到排气门关闭所对应的曲轴转角称排气滞后角，用 δ 来表示，δ 角一般为 $10°\sim30°$。利用气流的惯性和压差可以把废气排放得更干净。排气持续角即排气门实际开启时间所对应的曲轴转角为 $\gamma+180°+\delta$，为 $230°\sim290°$，注意不同发动机的配气相位是不同的。

3）气门重叠角　由于进、排气门的早开和滞闭，就会有一段时间内进、排气门同时开启的现象，这种现象称为气门重叠，重叠的曲轴转角称为气门重叠角。适当的气门重叠角，可以利用气流压差和惯性清除残余废气，增加新鲜充量，称为燃烧室扫气。非增压发动机气门重叠角一般为 $20°\sim80°$，增压发动机一般为 $80°\sim160°$，所以增压发动机可以有效提高充气量。发动机的结构不同，转速不同，配气相位也就不同，最佳的配气相位角是根据发动机性能要求，通过反复试验确定的。

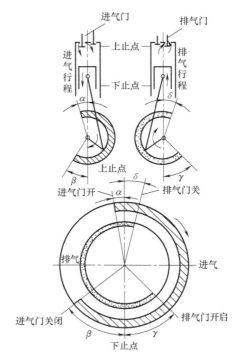

图 3-21　配气相位图

4）在使用过程中，由于配气机构零部件磨损、变形或安装调整不当，会使配气相位产生变化，应定期进行检查调整。

2.3　柴油发动机气门组件检修施工

1. 气门组件检修施工准备

（1）工具与设备准备

1）常用工具 1 套。

2）卡环钳 1 套。

3）活塞环压缩器 1 个。

4）铜棒 1 根。

5）V 形铁 1 副。

6）气门研磨工具 1 套。

7）磁性表座 1 组。

8）百分表 1 个。

9）游标卡尺 1 把。

10）气门研磨砂 1 盒。

11）铅笔 1 支。

12）气门铰刀 1 套。

13）量缸表 1 套。

14）外径千分尺 1 把。

（2）理论知识准备

1）观察该发动机的气门组的位置、形式和外形并拍照记录。

_____

2）简述气门组的组成部件、磨损形式和处理方法并拍照记录。

_____
_____
_____
_____
_____
_____

3）简述气门组的拆装注意事项。

_____
_____
_____
_____
_____
_____

4）简述气门组的检查项目。

_____
_____
_____
_____
_____
_____

2. 气门组件检修施工作业

（1）气门的检修

1）专用工具拆装气门和气门弹簧（图 3-22）。

2）清除气门头上的积炭。检视气门锥形工作面及气门杆的磨损、烧蚀及变形情况，视情况更换气门。

3）检查气门头圆柱面的厚度 H，如图 3-23 所示。一般进气门应大于 0.60mm，排气门应大于 1mm。

4）检查气门尾部端面。该端面在工作时经常与气门摇臂碰擦，需检视此端面的磨损情况，有无凹陷现象。不严重时，可用磨石修磨。如果修磨量超过 0.5mm，则需更换气门。

5）检查气门工作锥面的斜向圆跳动。使用百分表，V 形铁和平板，如图 3-24 所示检查

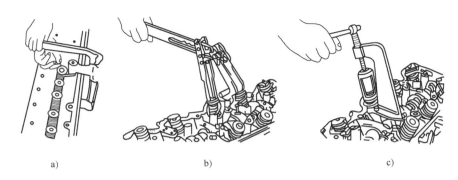

图 3-22　拆装气门

气门，检查每个气门工作锥面的斜向圆跳动值。测量时，将 V 形铁 1 置于平板上，使百分表 3 的测头垂直于气门 2 的工作锥面，轻轻转动气门一周，百分表读数的差值即为气门工作锥面的斜向圆跳动。为使检测准确，需测量若干个斜面，取其中的最大差值作为气门工作锥面的斜向圆跳动值。其极限值为 0.08mm，如果测量值超过极限值，则需更换气门。

6）检查气门杆的弯曲变形。气门杆的弯曲变形常用气门杆圆柱面的素线直线度表示，如图 3-25 所示，将气门杆 2 支承在 V 形铁 1 上并用百分表 3 将其两端校成等高。然后检测气门杆外圆素线的最高点。当素线是中凸中凹时，

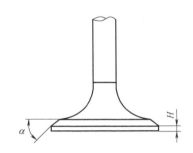

图 3-23　气门头圆柱面的厚度 H
H—气门头圆柱面的厚度
α—气门锥角（45°）

各测量部位的读数中，最大与最小读数差值的一半即为该轴向截面的素线直线度误差。当素线不是中凸中凹时，转动气门杆，按上述方法测量若干条素线，取其中的最大误差值的一半，作为气门素线的直线度误差。直线度误差值应不大于 0.02mm，否则应用手压机校正或更换气门。

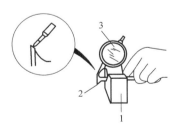

图 3-24　检查气门
1—V 形铁　2—气门　3—百分表

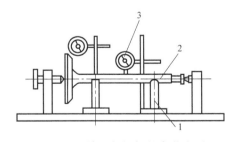

图 3-25　检查气门杆的弯曲变形
1—V 形铁　2—气门杆　3—百分表

（2）气门导管的检修

1）清洗气门导管。

2）检查气门杆与气门导管的间隙（在气门的弯曲检验合格后进行）。用外径千分尺 1 测量气门杆的直径，用内径百分表 2 测量气门导管的直径，测量导管间隙，如图 3-26 所示。

为使测量准确，需在气门杆和气门导管长度方向测得多个测量值，并注意气门和气门导管的对应性，气门杆与气门导管直径及其配合间隙应符合原厂要求，不得装错。该间隙的大小亦可通过百分表测量气门杆尾部的偏摆量间接地判断，如图3-27所示。按原装车要求装好气门，用百分表测头顶住气门杆尾部，按"1←→2"的方向推动气门4的尾部，观察百分表3指针的摆差。气门杆尾部偏摆使用极限是进气门为0.12mm，排气门为0.16mm。如气门杆与气门导管配合间隙或气门杆尾部偏摆超出规定范围，则应根据测量的气门杆直径和气门导管内径情况，更换气门或气门导管。

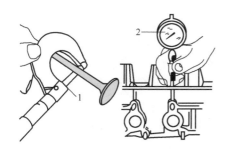

图3-26　测量导管间隙
1—外径千分尺　2—内径百分表

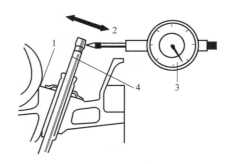

图3-27　用百分表测量气门杆尾部的偏摆量
1、2—气门尾部推动方向　3—百分表　4—气门

3）气门导管的更换（图3-28）。如经上述检测需更换气门导管，应先选用与气门导管尺寸相适应的铣头，将旧导管在压床上压出或用气门导管拆卸器和锤子拆下，把导管拆下后，使用气门导管座铰刀铰大导管座孔，除去毛边。因新导管的外径与气缸盖上的导管孔有一定的过盈量，为便于导管压入和防止气缸盖产生变形，在新导管外壁上应涂以发动机润滑油，并均匀地把气缸盖加热至80～100℃，再在压床上将气门导管压入或利用气门导管安装工具及锤子将气门导管轻轻敲入气门导管座孔内，如图3-28所示。上述操作应迅速进行，以便所有气门导管在较均衡的温度下被压进气缸盖内。此时气门导管的伸出量H为15mm。

（3）气门与气门座密封性的检查

1）外观检视气门座，气门座如松动、下沉则需更换。

2）新座圈与座孔一般有0.075～0.125mm的过盈量，将气门座圈镶入座圈孔内，通常采用冷缩和加热法，冷缩法是将选好的气门座圈放入液氮中冷却片刻，使座圈冷缩；加热法是将气缸盖加热至100℃左右，迅速将座圈压入座孔内。气门座表面如有斑痕、麻点，则需用专用铰刀或砂轮进行铰削或磨削。

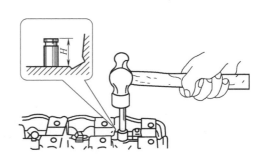

图3-28　更换气门导管

3）用软铅笔在气门密封锥面上顺轴向均匀地画上直线，如图3-29所示。然后将气门对号入座，插入导管中，用气门捻子（橡皮制）吸住气门顶面，将气门上下拍击数次后取出，观察铅笔线是否全部被切断，观察铅笔线，如图3-30所示。如发现有未被切断的线条，可

将气门再插入原座，转动 1~2 圈后取出，若线条仍未被切断，说明气门有缺陷，若线条被切断，则说明气门座有缺陷。应找出缺陷加以修理。

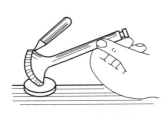

图 3-29　画铅笔线

图 3-30　观察铅笔线

4）可用红丹着色检查，将红丹涂在气门密封锥面（薄薄一层），再将气门插入原座，用上述同样方法拍打、研转后取出，观察气门座上密封锥面上红丹印痕是否全部被擦除，判断密封性是否合格。

5）把气缸盖平面水平朝上放置，将汽油或煤油倒入装有气门的燃烧室，5min 内如密封环带处无渗漏，即为合格。

6）要求进、排气门的密封锥面 b 一般为 1~2.5mm。排气门宽度大于进气门宽度，柴油发动机的宽度大于汽油发动机宽度。气门与气门座不能产生均匀的接触环带，或接触环带宽度不在规定的范围内，如密封带宽度过小，将使气门磨损加剧；宽度过大，容易烧蚀。这时必须铰削或磨削气门座，并最后研磨。

（4）气门弹簧的检修

1）检查气门弹簧的自由长度 L（图 3-31）。用游标卡尺 1 测量气门弹簧 2 的实际长度。其检查亦可用新旧弹簧对比的经验方法进行。实际长度小于使用限度 1.3~2mm 时，应更换新件。

2）检查气门弹簧的弹力（图 3-32）。气门弹簧的弹力可用弹簧弹力试验器进行检查，将弹簧压缩至规定长度，如果弹簧弹力的减小值大于原厂规定弹力的 10%，则应更换。

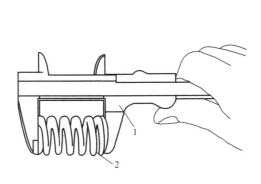

图 3-31　检查气门弹簧的自由长度
1—游标卡尺　2—气门弹簧

图 3-32　检查气门弹簧的弹力
1—气门弹簧　2—标尺

3）检查气门弹簧端面与其中心轴线的垂直度（图 3-33）。将气门弹簧 2 直立置于平板

1 上，如图 3-33 所示，用直角尺 3 检查每根弹簧的垂直度。气门弹簧上端和直角尺之间的间隙 L 即为垂直度的大小。其极限值为 2.0mm，如该间隙超限，则必须更换气门弹簧。

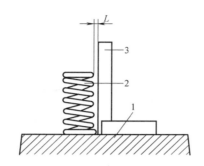

图 3-33　检查气门弹簧的垂直度
1—平板　2—气门弹簧　3—直角尺　L—间隙值

2.4　任务的评估与检查

柴油发动机气门组件检修评估与检查，见表 3-3。

表 3-3　柴油发动机气门组件检修评估与检查

专业班级			学号		姓名		
考核项目	柴油发动机气门组件检修						
考核项目	评分标准		教师评判			分值	评分
劳动态度 (10%)	是否按照作业规范要求实施		是　□		否　□	10 分	
现场管理 (30%)	工作服装是否合乎规范		是　□		否　□	5 分	
	有无设备事故		无　□		有　□	10 分	
	有无人身安全事故		无　□		有　□	10 分	
	是否保持环境清洁		是　□		否　□	5 分	
实践操作 (50%)	工、量具和物品是否备齐		充分□		有缺漏□	10 分	
	检测内容及操作	检测操作	正确□		有错漏□	10 分	
			熟练□		生疏□	10 分	
		检测数据记录及分析判断				20 分	
工作效率 (10%)	作业时间是否超时		否□		是□	10 分	
合计							

任务工单3 柴油发动机配气传动机构检修

3.1 工作中常见问题

1）配气传动组的组成部件有哪些？
2）凸轮轴的拆装注意事项有哪些？
3）简述凸轮轴的检查项目有哪些？
4）凸轮轴正时记号是什么？

3.2 相关知识

1. 配气传动机构的结构组成

配气传动机构的结构由正时齿轮、凸轮轴、挺柱、推杆、摇臂组等部件组成，如图3-34所示。

（1）凸轮轴（图3-35）

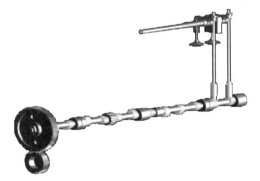

图3-34 配气传动机构

图3-35 凸轮轴

1）凸轮轴的作用是用以保证各缸进、排气门按一定的工作次序和配气相位及时开闭。凸轮的轮廓决定了气门升程、气门开闭的持续时间和运动规律。

2）凸轮轴的结构特点

① 凸轮轴上有进、排气凸轮。

② 从各缸进、排气凸轮的排列，可以判断出发动机的工作顺序。如四缸发动机进排气凸轮排列，如图3-36所示（从凸轮轴前端看），转动方向为逆时针，根据依次打开的进（排）气门，则可判断出该发动机的工作顺序为1—3—4—2。

③ 对于下置式凸轮轴，还加工有螺旋齿轮（驱动润滑油泵、分电器）和偏心轮（驱动燃油泵）。凸轮轴由正时齿轮驱动。曲轴每旋转两圈，凸轮轴转一圈，每个气缸要进行一次进气和排气，且各缸进气或排气间隔时间相等。为了防止凸轮轴轴向窜动，需要

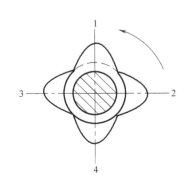

图3-36 四缸发动机进排气凸轮排列

进行轴向定位。

④ 常见的定位装置，止推片安装在正时齿轮和凸轮轴第一轴颈之间，且留有一定间隙。调整止推片的厚度，可控制其轴向间隙大小。

3）凸轮轴的材料。凸轮磨损，直接影响到气门开闭特性和发动机的动力经济等性能。凸轮轴一般用优质钢模锻而成，也有采用合金铸铁或球墨铸铁铸造的。凸轮和轴颈表面经热处理后精磨，所以具有足够的硬度和耐磨性。

（2）正时齿轮（图3-37）

1）正时齿轮的作用。柴油发动机的凸轮轴传动机构一般采用齿轮传动驱动即曲轴通过一对正时齿轮驱动凸轮轴。

2）正时齿轮的正时记号。正时齿轮上有一对正时记号，如图3-38所示，装配曲轴与凸轮轴时必须将正时记号对正。传动机构安装时应特别注意曲轴正时齿轮（或链轮、带轮）与凸轮轴正时齿轮（或链轮、带轮）的相互位置关系。正时记号安装不当，将严重影响发动机的动力和燃油经济性能，甚至导致无法进行工作。一般制造厂出厂时都打有配对记号，应严格按要求安装。

图3-37　正时齿轮

（3）挺柱（图3-39）

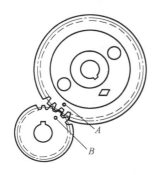

图3-38　正时记号

图3-39　挺柱

1）挺柱的作用是将凸轮的推力传给推杆或气门，并承受凸轮轴旋转时所施加的侧向力。

2）挺柱的构造。挺柱的形状有菌形、平面和桶形。

3）挺柱的材料有中碳钢、合金钢、合金铸铁和冷激铸铁等。

（4）推杆（图3-40）推杆位于挺柱与摇臂之间，推杆作用是将挺柱传来的推力传给摇臂，其上端的凹槽与摇臂上的球头相接触，下端的凸头与挺柱的凹槽相接触。

（5）摇臂组（图3-41）

图3-40　推杆

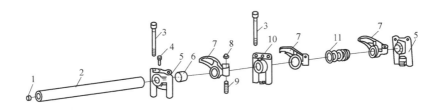

图 3-41　摇臂组
1、3、4、8—螺钉　2—摇臂轴　5、10—摇臂轴支座
6—摇臂衬套　7—摇臂　9—调整螺钉　11—定位弹簧

1）摇臂组的结构。摇臂组由摇臂 7、摇臂轴 2、摇臂轴支座 5 及定位弹簧 11 等组成。摇臂轴为空心轴，安装在摇臂轴支座孔内，支座用螺栓固定在气缸盖上。气门间隙调整螺钉在摇臂一端安装有气门间隙调整螺钉 9，用来调整气门间隙。

2）摇臂组的工作原理。摇臂组中间支座上有油孔和气缸盖上的油道及摇臂轴上的油孔相通。摇臂组的润滑油可进入空心的摇臂轴内，然后又经摇臂轴上正对着摇臂处的油孔进入到轴与摇臂衬套之间润滑，并经摇臂上的油道对摇臂的两端进行润滑。在摇臂轴上的两个摇臂之间套装着一个定位弹簧 11，以防止摇臂轴向窜动。摇臂实际上是一个双臂杠杆，其作用是将挺杆传来的运动和作用力改变方向，作用到气门杆端，以达到开闭气门的目的。同时，利用两摇臂的比值（称为摇臂比）来改变气门的升程。摇臂与气门杆端接触部分接触应力高，且有相对滑移，磨损严重，因此在该部分常堆焊硬质合金。摇臂通过青铜衬套或滚针轴承支承在空心的摇臂轴上，再一起固定在摇臂轴支座上与气缸盖相连。

2. 配气传动机构的功能与分类

（1）配气传动机构的功能作用　其作用是由曲轴传递动力驱动气门运动，使进、排气门能按配气相位规定的时刻开闭，且保证有足够的开度。

（2）配气传动机构的形式和分类

1）配气传动机构按凸轮轴布置位置可分为顶置凸轮轴配气机构、中置凸轮轴配气机构和下置凸轮轴配气机构。

① 顶置凸轮轴配气机构，如图 3-42 所示，凸轮轴布置于气缸的顶上。

② 中置凸轮轴配气机构，如图 3-2 所示，凸轮轴布置于气缸的中部，将凸轮轴布置在曲轴箱上。这种结构多用于柴油发动机，一般采用在一对正时齿轮之间加入一个中间齿轮（惰轮）进行传动。

③ 下置凸轮轴配气机构，如图 3-3 所示，凸轮轴布置于气缸的下部。这种结构布置的主要优点是凸轮轴离曲轴较近，可用一对正时齿轮驱动，传动简单。但存在零件较多、传动链长、系统弹性

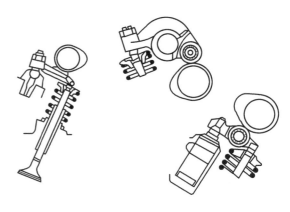

图 3-42　顶置凸轮轴

变形大、影响配气准确性等缺点。目前国产载货汽车和大、中型客车上还有应用。

2）按曲轴和配气凸轮轴的传动方式可分同步带传动、链传动、齿轮传动。

① 同步带传动（图3-43）。现代高速发动机配气机构中广泛采用同步齿形带传动，同步带又称齿带、正时带。同步带采用氯丁橡胶制成，中间夹有玻璃纤维和尼龙织物，以增加强度。同步带的张力可以由张紧轮进行调整。这种传动方式可以减小噪声，减小结构质量和降低成本。

② 链传动（图3-44）。链传动多用在顶置凸轮轴的配气机构中。为使链条在工作时具有一定的张力而不导致脱落，一般装有导链板和张紧轮等。这种传动的优点是布置容易，若传动距离较远时，还可用二级链传动。这种传动的缺点是传统的链传动结构质量及噪声较大，链的可靠性和寿命不易得到保证。现在一些中高档车应用无声链条，噪声小，传动更加可靠，可以不用更换，避免了同步带老化的问题。

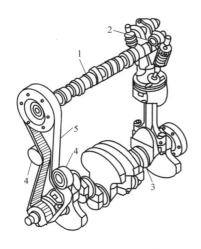

图3-43 同步带传动
1—凸轮轴 2—摇臂轴 3—曲轴
4—张紧轮 5—同步带

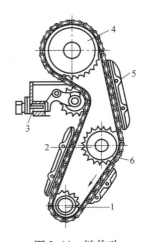

图3-44 链传动
1—曲轴链轮 2—油泵驱动链轮 3—液力张紧装置
4—凸轮轴链轮 5—导链板 6—链条

③ 齿轮传动（图3-45）。下置、中置的凸轮轴配气机构大多采用齿轮传动。一般从曲轴到凸轮轴间的传动只需一对正时齿轮，必要时可加装中间齿轮。为了啮合平稳，减小噪声。正时齿轮多用斜齿轮，也有采用夹布胶木制造，以减小噪声。为保证装配时配气相位的正确，齿轮上都有正时记号，装配时必须按要求对齐。

3）按每缸气门的数目分，可分为二气门、三气门、四气门和五气门。传统发动机都采用每缸两气门（一个进气门，一个排气门）。为了改善发动机的充气性能，应尽量加大气门的直径，但由于气缸

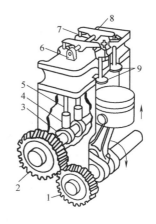

图3-45 齿轮传动
1—曲轴正时齿轮 2—凸轮轴正时齿轮 3—凸轮轴 4—挺柱
5—挺杆 6—摇臂座 7—摇臂轴 8—摇臂 9—气门

的限制，气门的直径不能超过气缸直径的一半。因此，发动机中，普遍采用多气门结构（一般常用四气门），使发动机的进、排气流通截面积增大，提高了充气效率，改善了发动机的动力、燃油经济性和排放性能。

3.3　柴油发动机配气传动机构检修施工

1. 配气传动机构检修施工准备

（1）工具与设备准备

1）常用工具 1 套。

2）卡环钳 1 套。

3）活塞环压缩器 1 个。

4）铜棒 1 根。

5）V 形铁 1 副。

6）气门研磨工具 1 套。

7）磁性表座 1 组。

8）百分表 1 个。

9）游标卡尺 1 把。

10）气门研磨砂 1 盒。

11）铅笔 1 支。

12）气门铰刀 1 套。

13）量缸表 1 套。

14）外径千分尺 1 把。

（2）理论知识准备

1）观察该发动机的配气传动组的位置、形式和外形，并拍照记录。

_____

2）简述配气传动组的组成部件，并拍照记录。

_____
_____
_____
_____
_____
_____
_____
_____
_____
_____
_____
_____

3）简述凸轮轴的拆装注意事项。

_____

_____

_____

_____

_____

4）简述凸轮轴的检查项目。

_____

_____

_____

_____

_____

2. 配气传动机构检修施工作业

（1）配气传动机构的拆装要点

1）配气机构的拆卸顺序通常为：首先从气缸盖上拆下摇臂轴总成；其次拆下凸轮轴及正时齿轮总成；最后从气缸盖上拆下气门组的零件。配气机构的安装顺序与拆卸顺序正好相反，但增加了一道在零件的摩擦表面涂抹润滑油的程序。

2）气门与气门座是成对配研的，安装时不得错乱。另外，挺柱与挺柱导向孔经过磨合，彼此已经相适，安装时最好也不要错乱。

3）摇臂轴总成的拆装注意要点。因为装在摇臂轴上的各摇臂中，有的摇臂正处于压缩气门弹簧使气门打开的状态，这样的摇臂对摇臂轴有一个向上的作用力。所以，在拆卸摇臂轴总成时，要把全部摇臂轴支座的固定螺栓分几次逐渐拧松，使摇臂轴平行地远离气缸盖，安装时亦然，以防拆装不当造成摇臂轴弯曲。

4）凸轮轴总成的拆装要点

① 确认配气正时记号。拆卸凸轮轴总成前应仔细观察曲轴和凸轮轴正时齿轮的配气正时记号，尤其是在缺少资料的情况下，更有必要。配气正时记号的一般规律是：对于同步带传动或链传动的配气机构，配气正时记号通常则分别制在正时同步带轮（或链轮）和其后侧静止不动的壳体上。安装时，只要使曲轴和凸轮轴的正时同步带轮（或链轮）上的正时记号分别和其后侧壳体上的记号对准，然后再安装同步带（或链条），即可保证配气正时。对于齿轮传动的配气机构，配气正时记号一般都打在齿轮上，但也有分别打在正时齿轮和正时齿轮室上的。

② 中、下置式凸轮轴的拆装。无论中、下置式还是上置式凸轮轴，在拆卸时都要首先拆除其轴向定位。下置式凸轮轴与曲轴的定时齿轮是一对圆柱齿轮，其相互啮合的斜齿与凸轮轴和曲轴的轴线不平行，只有一边转动，一边沿轴向外撬凸轮轴齿轮，才能使其脱离啮合（安装时，对准记号后，亦应在转动的同时推压凸轮轴齿轮，使其与曲轴齿轮进入全齿啮合

状态为止），然后用手边转动（防止凸轮和挺柱卡住）边向外抽出凸轮轴。上置式凸轮轴的拆装要点同上。

（2）摇臂组的检修

1）检查摇臂和调整螺钉的磨损。调整螺钉的端头如磨损严重，应更换调整螺钉。摇臂与凸轮的接触面如磨损严重或调整螺钉螺纹孔损坏，则应更换摇臂。

2）检查摇臂轴的弯曲变形，如图 3-46 所示，使用 V 形铁和百分表检查摇臂轴的弯曲变形。与检查气门杆弯曲变形的方法类似，用摇臂轴外圆素线的直线度表示其弯曲程度。直线度极限值为 0.06mm。如直线度超限，可用冷压校正法校正或更换摇臂轴。

3）检查摇臂轴与摇臂孔的配合间隙。使用外径千分尺和内径百分表测量摇臂轴的直径和摇臂孔的内径，其差值即为两者的配合间隙，各数值应满足原厂要求。如果配合间隙超过极限值，则应视摇臂轴直径和摇臂孔内径情况更换摇臂轴或摇臂，或者两者都更换。

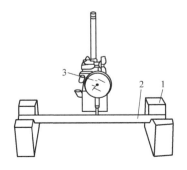

图 3-46　检查摇臂轴的弯曲变形
1—V 形铁　2—摇臂轴　3—百分表

（3）凸轮轴的检修

1）外观检视凸轮工作面。检视凸轮工作面是否有擦伤和疲劳剥落现象。凸轮工作面的擦伤是沿滑动方向上产生的小擦痕，而后将发展成为严重的粘着损伤。如有上述现象，则应更换凸轮轴。

2）检查凸轮的磨损。凸轮的磨损程度可用外径千分尺测量凸轮的高度来判断。如果被测凸轮高度小于使用限度，更换凸轮轴。

3）检查汽油泵驱动偏心轮的磨损。对于机械式驱动汽油泵，其汽油泵驱动偏心轮的磨损亦可使用外径千分尺通过测量其偏心方向上的高度来判断。如测量值小于使用极限值时，亦可使用修磨或堆焊后光磨的方法修复，或者更换凸轮轴。

4）检查凸轮轴的弯曲变形，如图 3-47 所示将 V 形铁置于平板上，将凸轮轴置于 V 形铁上，使用百分表测量凸轮轴中间支承的径向圆跳动。轻轻地回转凸轮轴一周，百分表指针的读数差即为凸轮轴的径向圆跳动值。若测量值超过极限值，则应进行冷压校正或更换凸轮轴。凸轮轴校直后，其径向圆跳动应不大于规定值。

5）检查凸轮轴轴颈的磨损。使用外径千分尺利用"两点法"测量每前个凸轮轴轴颈的直径。即在轴颈

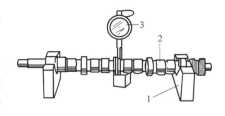

图 3-47　检查凸轮轴弯曲变形
1—V 形铁　2—凸轮轴　3—百分表

的两个不同截面上分别测量两垂直方向的直径尺寸（得到 4 个测量值），同时使用内径百分表利用"两点法"测量气缸盖上凸轮轴轴颈承孔的内径（每个承孔得 4 个测量值）。用所测轴颈承孔内径减去相应轴颈直径即得到轴颈与轴颈承孔的配合间隙。如果该配合间隙超过极限值，则应更换凸轮轴，必要时，更换气缸盖。

6）检查凸轮轴轴向间隙（止推间隙）。凸轮轴轴向间隙是靠止推板来保证的。测量该间隙时，可用撬杠拨动凸轮轴做轴向移动，用塞尺或百分表进行测量。如果测量值超限，则

视情况更换止推板或凸轮轴。

3.4　任务的评估与检查

柴油发动机配气传动机构检修评估与检查，见表3-4。

表3-4　柴油发动机配气传动机构检修评估与检查表

专业班级			学号		姓名		
考核项目		柴油发动机配气传动机构检修					
考核项目	评分标准		教师评判			分值	评分
劳动态度（10%）	是否按照作业规范要求实施		是　☐		否　☐	10分	
现场管理（30%）	工作服装是否合乎规范		是　☐		否　☐	5分	
	有无设备事故		无　☐		有　☐	10分	
	有无人身安全事故		无　☐		有　☐	10分	
	是否保持环境清洁		是　☐		否　☐	5分	
实践操作（50%）	工、量具和物品是否备齐		充分☐		有缺漏☐	10分	
	检测内容及操作	检测操作	正确☐		有错漏☐	10分	
			熟练☐		生疏☐	10分	
		检测数据记录及分析判断				20分	
工作效率（10%）	作业时间是否超时		否☐		是☐	10分	
合计							

任务工单 4　柴油发动机涡轮增压系统检修

4.1　工作中常见问题

1）配气机构的涡轮增压系统由哪些部件组成？
2）配气机构的涡轮增压系统的作用是什么？
3）怎样保养和维修配气机构的涡轮增压系统？

4.2　相关知识

随着汽车运输行业的发展，采用大功率、低污染的柴油发动机作为汽车动力源已成为一种趋势。目前，国内外普遍采用的方法都是增加发动机的充气量和供油量，即由柴油发动机的排气来驱动涡轮机，再由涡轮机带动压气机来压缩进气量，提高进气压力，获得较大的充气量，这一方法称为废气涡轮增压。

1. 柴油发动机涡轮增压系统优点

1）涡轮增压系统在柴油发动机使用以后其优越性得到了体现。

2）提高发动机功率、降低油耗。实践表明，在一般柴油发动机上通过改动进、排气管，增大供油量，加装废气涡轮增压器，可明显增加柴油发动机功率。例如 6135 柴油发动机采用涡轮增压器后，功率由原来的 118kW 可提高到 153kW，功率增加近 30%，而油耗则降低 5.7%。

3）减小质量，缩小外形尺寸。发动机增加涡轮增压后，可用四缸发动机取代原来的六缸发动机，使外形尺寸大大缩小，为整车的布置带来更多便利。

4）采用技术可以有效降低排放污染。由于涡轮增压发动机增大了进气量，使得燃烧比较完全，从而使废气中 CO 和 HC 含量明显减少，NO_x 含量也较少。

5）中冷是将压缩后的空气进行冷却，使其密度进一步提高，以增加进气量，更有利于提高发动机的性能，同时降低了燃烧室的温度。涡轮增压由于回收了一部分废气能量，同时由于气缸中的空气量增多，燃烧比较完全，可提高内燃机的燃油经济性。

6）采用技术后，发动机燃烧压力升高率降低，工作较柔和，噪声较小，降低对环境的噪声污染。

7）采用技术后，对于高原地区使用的发动机更显必要。由于高原地区气压低，单位质量的空气中含氧量较平原地区少，易导致发动机功率下降。一般认为，海拔每升高 1km，发动机功率下降 8%～10%，燃油消耗率增加 3.8%～5.5%，加装涡轮增压器后，可以恢复功率，同时减少油耗。

2. 柴油发动机涡轮增压系统工作原理

1）柴油发动机涡轮增压系统安装位置。涡轮增压器是由涡轮室和增压器组成的机器。涡轮室进气口与排气歧管相连，排气口接在排气管上；增压器进气口与空气滤清器管道相连，排气口接在进气歧管上。涡轮和叶轮分别装在涡轮室和增压器内，二者采用同轴刚性联接。

2）柴油发动机涡轮增压系统构造。废气涡轮增压器是由废气涡轮和压气机两部分组成，如图 3-48 所示。涡轮增压器一般都采用离心式压气机。根据其涡轮的型式可分为轴流式涡轮增压器和径流式涡轮增压器。轴流式涡轮增压器用于大功率柴油发动机，径流式涡轮增压器用于功率较小的柴油发动机。

3）柴油发动机涡轮增压系统工作原理（图 3-49）：将排气管 1 接到增压器的涡轮壳 4 上，当发动机排出的具有一定压力的高温废气经涡轮壳 4 进入喷嘴环 2，由

图 3-48　涡轮增压器

于此处面积由大到小，因而废气的压力和温度下降，而速度却迅速提高。这个高温高速的废气气流冲击涡轮 3，使涡轮高速旋转，废气的压力、温度、速度越高，涡轮转速也越高。通过涡轮的废气最后排入大气。这时与涡轮 3 同装在一根转子轴上的压气机叶轮 8 也以相同的速度，将经滤清器滤清过的空气吸入压气机壳。高速旋转的压气机叶轮把空气甩向叶轮的外

缘，使其速度和压力增加，并进入扩压器7，因此气流的速度下降，压力升高。再通过断面压气机壳9，使空气压力继续升高，高压空气流经发动机进气管10，进入气缸与更多的燃油混合燃烧，以保证发动机发出更大的功率。

3. 柴油发动机涡轮增压系统结构组成

柴油发动机涡轮增压系统主要由进气壳、喷嘴环、叶轮、隔热墙和排气壳组成。主要部件为固定的喷嘴环和旋转的叶轮。

1）喷嘴环。涡轮喷嘴环（图3-50）喷嘴环叶片均由耐热合金钢制成。

2）涡轮喷叶轮。涡轮喷叶轮（图3-51）在涡轮增压器中的工作条件是最恶劣的。叶片采用高强度镍基耐热合金钢锻造，并用仿形法加工而成。

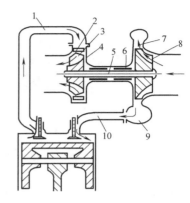

图3-49　柴油发动机涡轮增压器工作原理图
1—排气管　2—喷嘴环　3—涡轮　4—涡轮壳
5—轴　6—轴承　7—扩压器　8—叶轮
9—压气机壳　10—发动机进气管

图3-50　喷嘴环

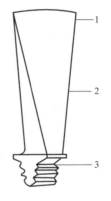

图3-51　涡轮喷叶轮
1—叶顶　2—叶身（工作部分）　3—叶根

3）离心式压气机。压气机由消音滤清器、空气进气壳、压气机叶轮、叶片扩压器及出气壳等组成。其主要部件为扩压器和叶轮。压气机叶轮（图3-52）为半开式，装在增压器转轴上，与轴紧配合联接，用键传递扭矩。叶轮叶片的进口部分向转动方向弯曲，出口部分则向后弯曲，即"前倾后弯"。压气机叶轮用高强度锻造铝合金制成。叶轮叶片空间曲面采用四坐标联动型面数控加工中心加工。叶片扩压器（图3-53）作用为改善机械动能。从压气机叶轮流出的气流速度相当高，高压比增压器已出现超音速流动。为了把气流的动能迅速有效地转变成压力能，在叶轮外周设置了叶片扩压器。消音滤清器起着过滤、消音的作用。

4. 废气涡轮增压器的使用注意事项

1）带有涡轮增压器的车辆，要确保每次起动以后，先怠速运转3～5min再增加负荷，对于新更换润滑油或润滑油滤清器的车辆或长期停放的车辆，在起动发动机前，应先旋转数圈，对涡轮增压器进行预润滑。

图 3-52 压气机叶轮

图 3-53 叶片扩压器

2）在使用过程中，要经常检查空气滤清器到涡轮增压器压气机进口之间的管路及接头是否完好。如有破损应及时更换，否则将产生进气短路，引起压气机磨损及进入异物损坏叶轮。

3）检查是否有漏油、漏气现象，油管是否有滴油现象，涡轮增压器壳体是否有过热、变色、裂纹等现象，如有应立即查明原因加以排除或更换油管。

4）当涡轮增压器产生不正常的噪声时，决不能继续使用，否则可能导致发动机全面损坏。应找出原因，加以消除。

5）在高速及满负荷运转时，无特殊情况不可立即停车，应逐步降速、降负荷。停车前空转 5min，以防因轴承缺油或者机件过热而损坏涡轮增压器。

6）严禁采用"加速—熄火—空挡滑行"的操作方法，因发动机在全负荷高温下突然熄火，润滑油泵停止工作，润滑油不能带走涡轮增压器内零件的热量，会导致增压器的损坏。

7）在拆卸压气机前管道时，必须保证发动机熄火，否则运转中的涡轮增压器会因压气机强大的吸力，造成人员伤害，同时会将异物吸入涡轮增压器。

8）进排系统应密封可靠。如有漏气，灰尘等杂质将被吸入压气机壳内并进入气缸，造成叶轮和柴油发动机零件的过早磨损。

9）润滑要可靠，要使用合乎质量等级要求的涡轮增压柴油发动机润滑油。

10）新柴油发动机或增压器在起动前必须进行"预润滑"，即柴油发动机起动前，应先转动曲轴数圈，确保润滑。如有可能，应待润滑油充满润滑油滤清器和整个润滑系统，润滑油压力稳定后再起动。否则涡轮增压器可能因为起动瞬间缺油而损坏，因为当柴油发动机高负荷运转而涡轮增压器转速很高时，即使短暂的几秒钟供油不足也将对涡轮增压器轴承造成损坏。

11）柴油发动机工作后不可立即熄火。熄火前应急速运转 3～5min，使各部机件逐渐冷却，以免增压器轴承处于高温（废气温度在 500℃ 左右）无油状态下导致过热，甚至出现涡轮增压器轴承、涡轮、叶轮咬死现象。

12）起动后不可立即高速运转起动后应急速运转几分钟，再行加速，特别当柴油发动机更换润滑油、清洗滤清器或修理一星期以上者，为保证高速下全浮动轴承的润滑，起动后应急速运转 3～5s 以上，使润滑油达到一定的温度和压力，以免突加负荷时轴承处于无油状态，加速磨损，甚至出现卡死现象。

13）不可长时间急速运转柴油发动机长时间急速运转，涡轮轴转速低，转子轴承间的压力油膜不易形成，引起涡轮增压器润滑油漏入压气机而导致排气管喷油，增加润滑油消耗。同时，长时间怠速运转，润滑油压力不足易导致增压器润滑不良而烧坏轴承。

14）在熄火前应该逐渐减少负荷，怠速运转适当时间，等增压器转速降低润滑油温度有所下降后再熄火停机。

4.3 柴油发动机涡轮增压系统的检修施工

1. 涡轮增压系统的检修施工准备

（1）工具与设备准备

1）常用工具 1 套。

2）卡环钳 1 套。

3）木制锤子 1 把。

（2）理论知识准备

1）简述涡轮增压系统的安装位置、外形并拍照记录。

_____

2）简述涡轮增压系统的作用与工作原理。

_____
_____
_____
_____
_____
_____
_____
_____
_____
_____
_____
_____
_____
_____

2. 涡轮增压检修施工作业

（1）涡轮增压系统的维护管理主要特点　由于涡轮增压系统转子转速高，气流流速高，工作温度高，因此涡轮增压器在运转中，应保持转子良好的静平衡和动平衡，轴承要有良好的润滑，流道要清洁并保持可靠的冷却。涡轮增压系统的污阻会使流动阻力增大，涡轮增压系统效率下降，增压空气流量减小。空气冷却器污阻同时还会导致扫气的温度升高、密度降低，使进入柴油发动机气缸的空气量减少、温度升高。从而导致柴油发动机燃烧恶化，热负荷增加，可靠性下降，燃油消耗率上升。严重污阻还会发生熄火。增压度越高，涡轮增压系统各部件污阻对柴油发动机的影响越大，因此应定期对涡轮增压器的主要部件进行清洗。

（2）增压器的日常管理

1）在运转中应测量和记录各主要运行参数：各气缸排气温度、涡轮前后温度、增压器转速、扫气箱中的压力、冷却液进出口温度、轴承润滑油的温度和压力等。

2）增压器运行时，应经常用金属棒或其他专用工具倾听增压器中有无异常相声。

3）增压器是高速回转机械，应特别致注意轴承的润滑。

4）如果柴油发动机停车时间较长（超过一个月）应将增压器转子转动一个位置，以防止轴弯曲变形。

5）拆装增压器时，应事先阅读说明书以了解其内部结构、拆装顺序和所需的专用工具。

（3）废气涡轮增压器的清洗

1）涡轮端应定期清洗（一般每周一次）。

2）水洗法：在低负荷时进行。使用专设的水洗装置进行清洗，通常水洗时间约10min，清洗后应在低负荷下运转5～10min。

3）干洗法：有的废气涡轮增压器的涡轮用喷入果壳颗粒方法进行干洗。清洗应在全负荷下进行，负荷低于50%时不可清洗。

4）压气机侧的清洗：水洗应在柴油发动机高负荷时进行，以增强水滴的撞击作用。在清洗前后30min内，应将气缸油注油量加大50%～100%，以保证气缸套免受腐蚀。清洗后应保持柴油发动机在全负荷下运行10min左右，以保证增压器完全干燥。

（4）增压器损坏后的应急处理

1）在行驶中发现增压器损坏时，应使损坏的增压器停止运转。

2）如果允许柴油发动机停车时间很短，这时只需拆下压气端和涡轮端的轴承盖，用专用工具把转子轴锁住，并在压气机排出管路装上密封盖板，防止增压空气流失。

3）如果允许停车时间较长，可将转子拆除，并用专用工具封住涡轮增压器，以防燃气和增压空气外泄。

4）进行停止增压器运行的应急处理后，应降低柴油发动机的负荷，防止排温过高和冒黑烟。对涡轮的进、排气箱继续保持冷却，对外部供油润滑者应切断润滑油供应。同时应降低柴油发动机的转速。

4.4　任务的评估与检查

柴油发动机涡轮增压系统检修评估与检查，见表3-5。

表3-5　柴油发动机涡轮增压系统检修评估与检查

专业班级		学号		姓名	
考核项目	柴油发动机涡轮增压系统检修				
考核项目	评分标准	教师评判		分值	评分
劳动态度（10%）	是否按照作业规范要求实施	是 □	否 □	10分	
现场管理 （30%）	工作服装是否合乎规范	是 □	否 □	5分	
	有无设备事故	无 □	有 □	10分	
	有无人身安全事故	无 □	有 □	10分	
	是否保持环境清洁	是 □	否 □	5分	

（续）

实践操作（50%）	工、量具和物品是否备齐		充分□	有缺漏□	10分	
	检测内容及操作	检测操作	正确□	有错漏□	10分	
			熟练□	生疏□	10分	
		检测数据记录及分析判断			20分	
工作效率（10%）	作业时间是否超时		否□	是□	10分	
合计						

任务工单5　柴油发动机气门调整

5.1　工作中常见问题

1）什么是气门间隙？

2）为什么要调整气门间隙？

3）怎样调整气门间隙？

5.2　相关知识

1. 气门间隙的概念

由于进、排气门直接位于燃烧室内，而排气门整个头部又位于排气通道内，因此受到的温度更高。在此高温下，气门会因受热膨胀而伸长。由于气门传组零件都是刚性的，假如在冷态时各零件之间不留间隙，受热膨胀的气门就会使气门关闭不严产生漏气，导致发动机功率下降，燃油消耗增加，发动机过热，甚至不能起动。为了防止上述情况的发生，补偿气门受热后的膨胀量，在发动机冷态装配时，常在气门组与气门传组之间留一定的间隙。这一间隙称为气门间隙。

气门间隙是指调整螺钉1与气门杆3之间的间隙A，如图3-54所示。一般在汽车发动机冷态时检查调整，进气门间隙为 0.20～0.25mm、排气门间隙为 0.25～0.30mm。具体调整时根据各车维修手册确定调整气门间隙大小。部分柴油发动机气门间隙（冷态）数据表见表3-2。

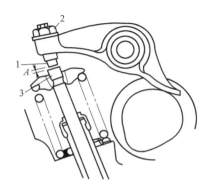

图3-54　气门间隙

1—调整螺钉　2—螺母　3—气门杆

2. 气门间隙调整的必要

对于预留有气门间隙的配气机构，由于在使用中存在磨损、冲击，因此气门间隙会随着使用时间的增长而改变。所以使用一定时间后，要对每一个气门进行检查与调整。

检查调整的前提：必须使所要检查与调整的气门完全处于关闭状态。目前用得较多的检查调整方法有"二次调整法"与"逐缸法"。

5.3 柴油发动机气门调整施工

1. 柴油发动机气门调整施工准备

（1）工具与设备准备

1）常用工具1套。

2）撬棍1根。

3）铜棒1根。

4）塞尺1把。

（2）理论知识准备

1）解释气门间隙和标准。

_____

_____

_____

_____

_____

_____

_____

2）介绍气门间隙的检测方法和调整方法。

_____

_____

_____

_____

_____

_____

_____

_____

2. 柴油发动机气门调整施工作业

1）确认进气门和排气门。根据气门与所对应的气道确定，注意观察进气歧管对应的气门为进气门；排气歧管对应的气门为排气门。

2）用转动曲轴观察确定第一缸压缩上止点。

① 确定第一缸，靠近风扇端为头，靠近飞轮端为尾，按缸排序。

② 转动曲轴，观察各缸的两个气门，先动的为排气门，随后动的为进气门，接着就是压缩行程，并在气门上作记号。

③ 使第一缸处于压缩上止点。按上述方法找到一缸压缩行程后，慢慢摇转曲轴，使一缸上止点记号对齐，此时第一缸活塞所处的上止点位置便是第一缸压缩行程上止点。

3）气门间隙调整——"二次调整法"。为了方便记忆，把"二次调整法"总结为"双排不进"记忆法。具体操作如下：

① 第一次可调气门数量为整台发动机气门数量的一半。

ⅰ．以四缸机为例，"二次调整法"之应用四缸柴油发动机，见表3-6，喷油顺序为1—3—4—2，则此时，第一次可调气门为：第一缸的进气门和排气门，第二缸的进气门，第三缸的排气门，第四缸不能调。

ⅱ．以六缸机为例，"二次调整法"之应用六缸柴油发动机，见表3-7，喷油顺序为1—5—3—6—2—4，则此时，第一次可调气门为：第一缸的进气门和排气门，第二、四缸的进气门，第五、三缸的排气门，第六缸不能调。

② 第二次可调气门数量也为半数。旋转曲轴360°，未调的气门全部能调。

ⅰ．以四缸机为例，"二次调整法"之应用四缸柴油发动机，如表3-6所示，喷油顺序为1—3—4—2，则此时，第二次可调气门为：第四缸的进气门和排气门，第三缸的进气门，第二缸的排气门，第一缸不能调。

ⅱ．以六缸机为例，"二次调整法"之应用6缸柴油发动机，如表3-7所示，喷油顺序为1—5—3—6—2—4，则此时，第二次可调气门为：第六缸的进气门和排气门，第五、三缸的进气门，第二、四缸的排气门，第一缸不能调。

表3-6　四缸柴油发动机"二次调整法"的应用

		双	排	不	进
第一次	气缸号	1	3	4	2
	可调气门	进、排	排		进
第二次	气缸号	4	2	1	3
	可调气门	进、排	排		进

注：对于4缸发动机喷油顺序为"1-3-4-2"

表3-7　六缸柴油发动机"二次调整法"的应用

		双	排	不	进
第一次	气缸号	1	5、3	6	2、4
	可调气门	进、排	排		进
第二次	气缸号	6	2、4	1	5、3
	可调气门	进、排	排		进

注：对于六缸发动机喷油顺序为"1—5—3—6—2—4"。

4）气门间隙检查。旋转曲轴360°，检查半数气门的间隙（具体气门参照表3-6和表3-7第一次可调气门）；再次旋转曲轴360°，检查剩余半数气门的间隙（具体气门参照表3-6

和表3-7第二次可调气门)。具体检查操作为：用规定厚度的塞尺片塞入气门间隙中，拉动时应有一定的阻力，如图3-55所示。塞尺的选用参照表3-2部分柴油发动机气门间隙（冷态）数据表。

5）再次调整。经检查如气门间隙不符合规定，则应进行调整，如图3-56所示。调整时，应先用扳手松开锁紧螺母，再利用旋具调整螺钉。旋入调整螺钉时，气门间隙减小；反之，旋出调整螺钉时，气门间隙增大。气门间隙值调整至规定值后，应一边用旋具固定住调整螺钉，另一边将锁紧螺母以15~19N·m的拧紧力矩拧紧。

图3-55　气门间隙检查

图3-56　气门间隙调整

6）逐缸检查调整法。摇转曲轴，通过观察某一气缸进气门被压缩后，再转动使凸轮轴与摇臂接触到基圆时，即该气缸的压缩行程终了，可调整该气缸的进、排气门；旧车检查气门间隙时，则在车辆熄火后，挂上高档位，人工推车，使曲轴转动，找到各气缸压缩行程终了时刻，再检查调整各缸进、排气门，调整方法同上。

7）气门检查和调整完毕后，安装气缸盖罩。

5.4　任务的评估与检查

柴油发动机气门调整评估与检查，见表3-8。

表3-8　柴油发动机气门调整评估与检查表

专业班级		学号		姓名		
考核项目		柴油发动机气门调整				
考核项目	评分标准	教师评判			分值	评分
劳动态度（10%）	是否按照作业规范要求实施	是 □	否 □		10分	
现场管理 （30%）	工作服装是否合乎规范	是 □	否 □		5分	
	有无设备事故	无 □	有 □		10分	
	有无人身安全事故	无 □	有 □		10分	
	是否保持环境清洁	是 □	否 □		5分	

（续）

实践操作 （50%）	工、量具和物品是否备齐		充分□	有缺漏□	10 分	
	检测内容 及操作	检测操作	正确□	有错漏□	10 分	
			熟练□	生疏□	10 分	
		检测数据记 录及分析判断			20 分	
工作效率 （10%）	作业时间是否超时		否□	是□	10 分	
合计						

项目四
柴油发动机燃油供给系统检修

任务工单 1　柴油发动机燃油供给系统认识

1.1　工作中常见问题

1）柴油发动机燃油供给系统包括哪些？
2）柴油发动机燃油供给系统怎样工作？
3）柴油发动机燃油供给系统如何检修？

1.2　相关知识

1. 柴油发动机燃油供给系统的功能

柴油发动机燃油供给系统的功用是完成燃油的储存、滤清和输送工作，按柴油发动机各种不同工况的要求，定时、定量、定压并以一定的喷油质量喷入燃烧室，使其与空气迅速而良好地混合和燃烧，最后使废气排出。柴油发动机燃油供给系统基本功能有以下几点。

1）通过加压机构使燃油变成高压。
2）通过调节喷油量，以改变输出功率。
3）能调节喷油时刻，使燃油燃烧彻底。

2. 柴油发动机燃油供给系统的分类

（1）传统供油系统（图4-1）　系统压力小于100MPa，传统的柴油发动机供油系统为直列柱塞式喷油泵供油系统。其组成由燃油箱、输油泵、低压油管、滤清器、喷油泵、高压油管和喷油器及回油管等组成。

（2）柴油共轨系统（图4-2）　系统压力小于200MPa，这主要以电控共轨式喷油系统为特征，直接对喷油器的喷油量、喷油正时、喷油速率和喷油规律、喷油压力等进行时间—压力控制，油压油泵并不直接控制喷油，而仅仅向共轨供油以维持所需的共轨压力，并通过连续调节共轨压力来控制喷射压力。

（3）泵喷嘴系统（图4-3）　系统压力大于300MPa，在泵喷嘴系统中喷油泵和喷油器组成一个单元，每个发动机气缸都在缸盖上装有这样一个单元，它或者直接通过摇臂或者间接的由发动机凸轮轴通过推杆来驱动。

（4）单体泵系统（图4-4）　系统压力大于300MPa，单体泵系统工作方式跟泵喷嘴相同，它是一种模块式结构的高压喷射系统。与泵喷嘴系统不同的是，其喷油器和喷油泵用一根较短的喷射油管连接，单体泵系统中每个气缸都设置一个单柱塞喷油泵，由发动机的凸轮轴驱动。

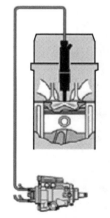

图 4-1 传统供油系统

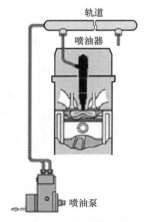

图 4-2 柴油共轨系统

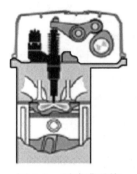

图 4-3 泵喷嘴系统

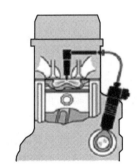

图 4-4 单体泵系统

3. 柴油发动机供油系统工作原理

柴油发动机工作时，输油泵将柴油从燃油箱经过粗滤器吸入，压送到油水分离器、燃油滤清器。燃油滤清后，经油管流到高压油泵总成。高压油泵是柴油压力增加，并将高压柴油定时定量地经高压油管等压送到喷油器。喷油器将柴油喷射进气缸内，形成雾状燃油燃烧做功。喷油器多余的柴油经回油管流回到燃油箱。

4. 柴油发动机传统供油系统结构组成

柴油发动机传统供油系统由喷油器、高压油管、喷油泵、调速器、输油泵、燃油滤清器、回油管、供油提前角调节器、燃油箱组成，如图 4-5 所示。这些部件主要作用如下。

（1）喷油器　喷油器安装在发动机气缸盖上，将喷油泵送来的高压燃油喷入燃烧室。喷油器是一个自动阀，可以设定其开阀压力，而喷油器的结构决定其关闭压力。

（2）喷油泵　对燃油进行加压、计量，并按照一定的次序将燃油供入到各个气缸所对应的喷油器中。

（3）调速器　检测出发动机的即时转速，并将即时转速和设定的转速进行比较，产生于两种速度差相对应的作用力，使发动机的转速向设定转速逼近。调速器既是一个速度传感器，又是调节喷油量的执行器，是一种典型的速度自动调节装置。

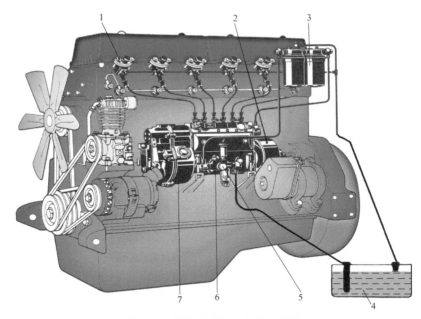

图 4-5　柴油发动机传统供油系统

1—喷油器　2—供油提前角调节器　3—燃油滤清器　4—油箱　5—输油泵　6—喷油泵　7—调速器

（4）输油泵　将燃油箱中的燃油吸出来，送到喷油泵的低压腔中。

（5）高压油管　无缝钢管，将喷油泵中的高压燃油送入喷油器中。

（6）燃油滤清器　将燃油中的杂物滤去，保证喷油器正常工作。

（7）回油管　将多余的燃油送回燃油箱。

（8）供油提前角调节器　连接在发动机驱动轴和喷油泵凸轮轴之间，由于其内部机构的作用，可改变喷油泵喷油时间。这是一个自动相位调节机构。

（9）燃油箱　为柴油发动机提供柴油的存储设备。

5. 柴油发动机传统供油系统主要零件介绍

（1）燃油箱（图4-6）　燃油箱是汽车上的装燃料的容器。燃油箱在汽车上除了储油外，还起着分离油液中的气泡、沉淀杂质等作用。燃油箱的分类情况如下。

1）燃油箱可分为开式燃油箱和闭式燃油箱两种。开式油箱，箱中液面与大气相通，在燃油箱盖上装有空气滤清器。开式燃油箱结构简单，安装维护方便，液压系统普遍采用这种形式。闭式燃油箱一般用于压力油箱，内充一定压力的惰性气体，充气压力可达 0.05MPa。

2）如果按燃油箱的形状来分，还可分为矩形燃油箱和圆罐形燃油箱。矩形燃油箱制造容易，箱上易于安放液压器件，所以被广泛采用。圆罐形燃油箱强度高，重量轻，易于清理，但制造较难，占地空间较大，在大型冶金设备中经常采用。

（2）输油泵（图4-7）

1）输油泵的作用是保证柴油在低压油路内循

图 4-6　燃油箱

环，并供应足够数量及一定压力的柴油给油轨，其输油量应为全负荷最大喷油量 3～4 倍。

2）输油泵的类型，输油泵有活塞式、膜片式、齿轮式和叶片式等几种。活塞式输油泵由于工作可靠，目前应用广泛。

3）输油泵的结构，活塞式输油泵的结构如图 4-8 所示。主要有泵体、机械油泵总成、手油泵总成、单向阀类和油道等所组成。

图 4-7　输油泵

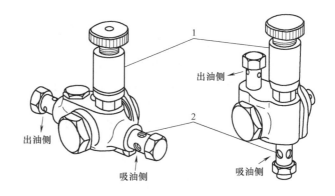

图 4-8　活塞式输油泵
1—手油泵　2—金属滤网

4）输油泵的工作原理（图 4-9）。凸轮轴上安装有偏心轮，滚轮部件在工作中的往复运动，是借助喷油泵凸轮轴上的偏心轮的驱动实现的。具体工作原理如下。

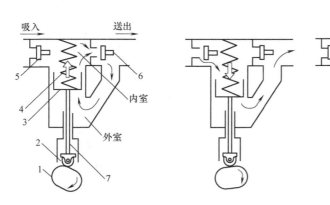

图 4-9　输油泵工作原理
1—偏心轮　2—滚轮　3—活塞
4—弹簧　5、6—单向阀　7—顶杆

① 进油过程：偏心轮通过推杆顶活塞下行，活塞上方容积增大，产生真空度，柴油便经进油阀、油道，压开出油阀，从箭头方向进入压油腔。

② 压油过程：偏心轮转过，活塞在其弹簧作用下上行，压燃油箱内的柴油增压，关闭出油阀，向外供油。其油压由弹簧预紧力控制。

③ 供油量的控制：当输油泵的供油量大于喷油泵的需要量，油路和泵油腔油压升高。活塞不能继续到达上止点，即活塞行程减少，从而减少了输油量，并限制油阀的进一步增

高，这样，就实现了输油量和供油压力的自动调节。

④ 手动泵：由泵体、活塞、手柄和弹簧组成。当柴油发动机长时间停机后重新起动时或在维修过程中，应先将柴油发动机滤清器和喷油泵的放气螺钉拧开，再将手油泵的手柄旋开，往复推拉手油泵活塞。活塞上行时，将柴油经进油回止阀吸入手油泵泵腔，活塞下行时，进油止回阀关闭，柴油从手油泵泵腔经润滑油泵下腔和出止回阀流入并充满柴油滤清器和喷油器低压腔，并将其中的空气去除干净。之后拧紧放气螺钉，旋紧手油泵手柄，再起动发动机。

（3）柴油滤清器（图4-10）

1）柴油滤清器的作用　将柴油中的机械杂质和灰尘过滤掉，以减少喷油泵和喷油器柱塞偶件的磨损，保证柴油发动机可靠工作，并延长它们的使用寿命。

2）柴油滤清器的结构（图4-11）　柴油滤清器由滤芯和壳体组成。

3）柴油滤清器的工作原理。当柴油发动机工作时，柴油首先经燃油滤清器和油水分离器等部件放出水和过滤部分杂质，然后再流经燃油滤清器进行细滤，保证柴油的洁净度。

4）带油水分离器的燃油滤清器（图4-12）

① 滤清器中的油水分离器的作用是将柴油经过油水分离和沉淀，除去柴油中的水分，以提高柴油的品质，延长燃油滤清器的寿命。

图4-10　柴油滤清器

② 油水分离器就是将油和水分离开来的仪器，原理主要是根据水和燃油的密度不同，利用重力沉降原理去除燃油中的杂质和水分。油水分离器内部有扩散锥，滤网等分离元件。

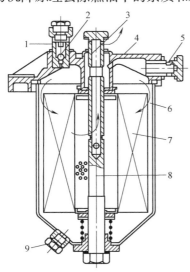

图4-11　柴油滤清器结构
1—旁通孔　2—限压阀　3—出油口　4—滤清器盖
5—进油口　6—壳体　7—滤芯　8—中心杆　9—放油螺塞

图4-12　带油水分离器的燃油滤清器

③ 油水分离器还有别的功能，如对燃油进行预加热防止结蜡，过滤杂质等。

④ 燃油滤清器的滤清效率达到或大于90%，燃油滤清器带油水分离器的滤清效率大于80%。若柴油中存在水和杂质，燃油系统的零件会因柴油内的水腐蚀生锈和因杂质的存在而损坏。

⑤ 从柴油中除去水分和滤除杂质对燃油系统的无故障工作和延长使用寿命是相当重要的。

（4）喷油泵（图4-13）

1）喷油泵的作用是根据发动机不同工况的要求，定时、定量的向各气缸喷油器提供有足够压力的燃油。

2）喷油泵的要求

① 喷油泵的油压要保证喷射压力和雾化质量的要求。

② 供油量应符合柴油发动机工作所需的精确数量。

图4-13 喷油泵

③ 保证按柴油发动机的工作顺序，在规定的时间内准确供油。

④ 供油量和供油时间可调正，并保证各气缸供油均匀。

⑤ 供油规律应保证柴油燃烧完全。

⑥ 供油开始和结束要保证动作敏捷，断油干脆，避免滴油。

3）喷油泵的类型。车用柴油发动机的喷油泵按其工作原理不同可分为柱塞式喷油泵、喷油泵—喷油器和转子分配式喷油泵三类。

4）喷油泵的结构。柱塞式 A 型喷油泵的结构，如图4-14所示，主要包括传动机构（凸轮轴和挺柱）、泵油机构（柱塞偶件、柱塞弹簧、出油阀偶件和出油阀弹簧）、油量调节机构（调压齿杆、调压齿圈和油量控制套）和泵体。

① 柱塞偶件（图4-15）。柱塞偶件是柱塞式喷油泵的主要组件。柱塞为一光滑圆柱体，在其上铣有斜槽，斜槽中钻向孔与柱塞偶件的轴向孔相通，下部固定有调节臂；套筒内部为光滑的圆柱形孔，与柱塞外圆面向配合，其上部开有两个径向孔，都与喷油泵体上的低压回油腔相通，是进油和回油的通道。柱塞偶件是柴油发动机的精密偶件之一。通常要通过选配研磨而成。柱塞的驱动：柱塞的上下运动由凸轮轴驱动。凸轮轴通过联轴器传动齿轮与曲轴相连，因此，柱塞的运动和活塞的运动是协调的。当柱塞和凸轮的接触点从凸轮的顶点向基圆运动时，柱塞在其复位弹簧的作用下下行；反之，当柱塞和凸轮的接触点

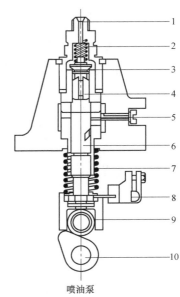

喷油泵

图4-14 柱塞式 A 型喷油泵

1—高压油管接头 2—出油阀弹簧 3—出油阀座
4—出油阀 5—柱塞套 6—柱塞 7—柱塞弹簧
8—油量控制机构 9—滚轮体 10—凸轮轴

从凸轮的基圆向顶点运动时，柱塞上行。

② 出油阀（图 4-16）。出油阀芯（简称阀芯）与出油阀座（简称阀座）的圆锥面室出油阀的密封面，阀芯的尾部成十字形断面，阀芯中部是圆柱形减压环带。其工作原理为：当分油泵油压使出油阀芯的减压带离开阀座时，出油阀允许泵腔内的高压柴油流向高压油管。分泵停止泵油、卸压时阀芯在出油阀弹簧及高压油管油压作用下落座，密封高压油管。在此过程中，减压带与阀座接触时出油阀便切断泵腔与高压油管的通路。此后阀芯仍继续降落，直到与阀座锥面接合。由于减压带上方、出油阀压紧座内的容积增大，使高压油路的油压降低。这样既防止喷油器在停止喷油后出现二次喷射或滴油现象，又可避免高压油管内严重的油压脉冲现象，影响供油的准确性，减少循环供油。出油阀是柴油发动机供给系统高压油路中一个重要的单向阀，采用滚动高压轴承钢或合金工具钢制成，并选配的精密偶件，使用时不可互换。

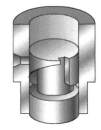
图 4-15 柱塞偶件

③ 油量控制机构（图 4-17）。前后移动调节齿杆可转动可调齿圈，通过其下部的凹槽带动柱塞转动。由于柱塞套是固定的，因此，改变柱塞斜槽与柱塞套油孔的相对位置即可控制油量。当需要调节某气缸的供油量时，先松开可调齿圈的紧固螺钉，然后运动套筒，并带动柱塞相对于齿圈转动一个角度（即相对于柱塞套），再将齿圈固定。柴油发动机运行中，调节齿杆的移动是通过调节器实现的。调节器感受柴油发动机自身的转速比变化或外界认为操纵而使调节齿杆前后移动，从而调节供油量，使柴油发动机实现起动、怠速、部分负荷或全负荷等工况。

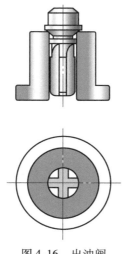
图 4-16 出油阀

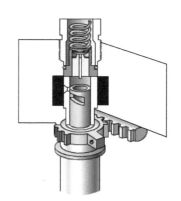
图 4-17 油量控制机构

5）喷油泵的泵油原理

① 吸油过程：当凸轮轴上的凸轮突起部分为顶动柱塞时，出油阀关闭；柱塞在柱塞弹簧的压力下向下移动，泵腔容积增大，压力降低。待柱塞套上油孔敞开时，在泵腔内外压力差的作用下柴油流入并充满泵腔，如图 4-18a 所示，直到柱塞运动到最低位置为止。

② 压油过程：随着凸轮轴的转动，凸轮在克服柱塞弹簧张力的同时，向上顶动柱塞。在柱塞头部工作面遮蔽柱塞套上的油孔前，泵腔内的一部分柴油又被压回低压腔；待油孔被

遮蔽、泵腔密封后，随着柱塞上移，泵腔内的油压逐渐升高，当泵腔油压超过高压回油管内剩余压力与出油阀弹簧压力之和时，出油阀芯便开始上升，泵腔与高压油管内的油压随之上升；当出油阀上的减压带离开出油阀时，泵腔内的高压柴油便流入高压油管（图4-18b）。

③ 柱塞的有效行程随柱塞的转动而改变。在最小位置时，柱塞不能遮蔽进油孔，喷油泵处于不供油状态。在压油过程中，柱塞头部遮蔽油孔（即供油开始时刻）所对应的上止点前的曲轴转角，称为供油提前角；柱塞斜槽与柱塞套油孔相通时为供油终止时刻。

④ 停止压油：待柱塞向上运动到斜槽与柱塞套上的油孔想通时，泵腔内的高压柴油便开始从柱塞的竖孔、横孔、斜槽及柱塞套上的油孔流回低压腔，如图4-18c所示。

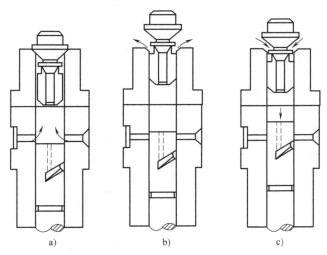

图4-18　喷油泵的泵油原理
a）进油　b）压油　c）停油

（5）喷油器（图4-19）

图4-19　喷油器

1）喷油器的作用是把柴油雾化成较细小的颗粒，并把它们分布到燃烧室中。根据混合气形成和燃烧要求，喷油器应具有一定的喷射压力过程，以及合适的喷射锥角。此外，喷油器在规定的停止喷油时刻应能迅速的切断燃油的供给，不发生滴漏现象。

2）喷油器的结构。喷油器有孔式和轴针式，孔式大多用直喷式燃烧室；轴针式大多用于分隔式燃烧室。目前，孔式应用较多，大多是四孔和五孔喷油器。针阀和针阀体由优质合金钢制成，配合间隙为 0.002～0.003mm，两者合称针阀偶件，使用时不可互换。在针阀关闭时，不喷油，一旦针阀被抬起，柴油便从喷孔喷出。

① 常见孔式喷油器的结构，如图 4-20 所示，喷油器有针阀、针阀体、顶杆、调压弹簧、调压螺钉及喷油器体等零件组成。

② 轴针式喷油器的结构，如图 4-21 所示。轴针式喷油器的针阀可控制喷注的角度，圆柱形针尖的喷注射程较远；倒锥形针尖的喷射角度较大。

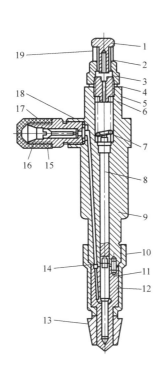

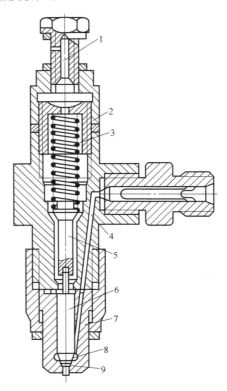

图 4-20　孔式喷油器

1—回油管接头　2、18—衬垫　3—调压螺钉护帽
4、6—垫圈　5—调压螺钉　7—调压弹簧　8—顶杆
9—喷油器体　10—喷油器拧紧螺母　11—针阀
12—针阀体　13—垫块　14—定位销　15—进油管
16—保护螺母　17—滤芯　19—保护套

图 4-21　轴针式喷油器

1—回油道　2—喷油器体　3—调压弹簧
4—进油道　5—顶杆　6—针阀　7—针阀体
8—承压锥面　9—密封锥面

3）喷油器工作原理

① 喷油泵输出的高压柴油从进油管接头经过喷油器体与针阀体中的油孔道进入中部周围的环状空间——高压油腔。

② 油压作用在针阀的承压锥面上，造成一个向上的轴向推力，当此力克服了弹簧的预紧力及针阀与针阀体之间的摩擦力（此力很小）后，针阀即上移打开喷孔，高压柴油便从针阀体下端的喷油孔喷出。

③ 当喷油泵停止供油时，由于油压迅速下降，针阀在调压弹簧作用下及时回位，将喷

孔关闭。

④ 喷油开始时的喷油压力取决于调压弹簧的预紧力，后者可用调压螺栓调节。

（6）调速器（图 4-22）

1）调速器的作用

① 调速器的作用是根据发动机的工况控制喷油泵的供油量，稳定发动机怠速及预防发动机超速。按其功能可分为两速和全速调速器。

② 两速调速器只控制最低和最高转速。在最低和最高转速之间，调速器不起作用，此时柴油发动机转速是有驾驶员通过加速踏板直接操纵喷油泵油量调节机构来实现的。为一般条件下行驶的汽车柴油发动机所装用，以保持怠速运转稳定及防止高速运转时超速飞车。

③ 全速调节器不紧能控制柴油发动机最低和最高转速，而且能控制从怠速到最高限制转速范围内任何转速下的喷油量，可以维持柴油发动机在任一给定转速下稳定运转。

图 4-22　调速器

2）RAD 型两速调速器（图 4-23）

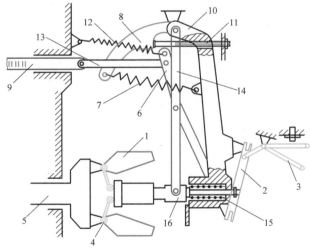

图 4-23　RAD 型两速调速器

1—飞块　2—支持杠杆　3—控制杠杆　4—滚轮　5—凸轮轴　6—浮动杠杆　7—调速弹簧
8—速度调定杠　9—供油调节齿杆　10—拉力杠杆　11—速度调整螺栓
12—启动弹簧　13—连杆　14—导动杠杆　15—怠速弹簧　16—滑套

3）RAD 型两速调速器的工作原理

① 机械离心式调速器是根据弹簧拉力和离心力相平衡进行调速的，工作中，弹簧拉力总是将供油拉杆向循环供油量增加的方向移动；而离心力总是将供油拉杆向循环供油量减少的方向移动。

② 当负荷减小时，转速升高，离心力大于弹簧拉力，供油拉杆向循环供油量减少的方

向移动，循环供油量减小，转速降低，离心力又小于弹簧拉力，供油拉杆又向循环供油量增加的方向移动，循环供油量增加，转速又升高，直到离心力和弹簧拉力平衡，供油拉杆才保持不变。这样转速基本保持在很小的范围内变化。

③ 反之当负荷增加时，转速降低，弹簧拉力大于离心力，供油拉杆向循环供油量增加的方向移动，循环供油量增加，转速升高，弹簧拉力又小于离心力，供油拉杆又向循环供油量减小的方向移动，循环供油量减小，转速又降低，直到离心力和弹簧拉力平衡。

④ 两速调速器作用：两速调速器适用于一般条件下使用的汽车柴油发动机，它只能自动稳定和限制柴油发动机最低与最高转速，而在所有中间转速范围内则由驾驶员控制。

6. 柴油发动机共轨系统

柴油发动机共轨系统是国外 20 世纪 90 年代中期研制的一种柴油发动机电控技术。改变了传统燃油供给系统的组成和结构，主要以电控共轨式喷油系统为特征，直接对喷油器的喷油量、喷油正时、喷油速率和喷油规律、喷油压力等进行时间—压力控制。油压液压泵并不直接控制喷油，仅向共轨供油以维持所需的共轨压力，并通过连续调节共轨压力来控制喷射压力。

柴油发动机共轨喷射系统是柴油发动机燃油系统的一个发展方向。目前在载货车和轿车柴油发动机上得到广泛应用，发展速度十分惊人。国外典型共轨喷射系统有：日本电装公司的 ECD-U2 系统；美国 BKM 公司的 Servojet 系统；美国 Caterpiller 公司的 HEUI 系统等等。

柴油发动机共轨喷油系统优点：可实现高压喷射（最高达 200MPa），喷射压力独立于发动机转速，可实现理想喷油规律，具有良好的喷射特性。

柴油发动机共轨喷油系统（图 4-24）包括低压供油部分和高压供油部分。柴油发动机共轨喷油系统的低压供油部分包括：燃油箱（带有滤网）、输油泵、燃油滤清器及低压油管。柴油发动机共轨喷油系统的高压供油部分包括：带调压阀的高压泵、高压油管、作为高压存储器的共轨（带有共轨压力传感器）、限压阀和流量限制器、喷油器、回油管。

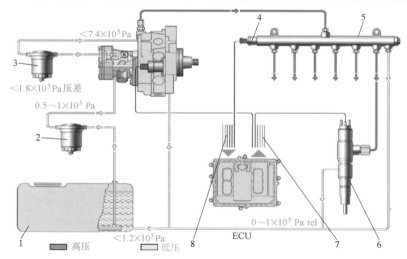

图 4-24　共轨喷油系统

1—带过滤器的油箱　2—带水分离器的预滤器　3—主滤清器　4—轨压传感器
5—轨　6—喷油器　7—执行器　8—传感器

7. 柴油发动机共轨系统的主要零件组成

（1）高压泵（图4-25）

1）高压泵的作用。高压泵位于低压部分和高压部分之间，它的任务是在车辆所有工作范围和整个使用寿命期间，在共轨中持续产生符合系统压力要求的高压燃油，以及快速起动过程和共轨中压力迅速升高时所需的燃油储备。

2）高压泵的结构（图4-26）。高压泵通常像普通分配泵那样装在柴油机上，以齿轮、链条或齿形带连接在发动机上，最高转速为3000r/min，依靠燃油润滑。因为安装空间大小的不同，调压阀通常直接装在高压泵旁，或固定在共轨上。燃油经高压泵内3个相互呈120°径向布置的柱塞压缩获得高

图4-25　高压泵

压。由于每转一圈有3个供油行程，因此驱动峰值转矩小，高压泵驱动装置受载均匀。驱动转矩为16N·m，仅为同等级分配泵所需驱动转矩的1/9左右，所以共轨喷油系统对泵驱动装置的驱动要求比普通喷油系统低，高压泵驱动装置所需的动力随共轨压力和高压泵转速（供油量）的增加而增加。排量为2L的柴油发动机，额定转速下共轨压力为135MPa时，高压泵（机械效率约为90%）所消耗功率为3.8kW。喷油器中的泄漏和所需的喷油量，及调压阀的回油，使其实际功消耗率要更高些。

3）高压泵的工作原理（图4-27）：燃油通过输油泵加压经带分水排水器的滤清器送往安全阀，通过安全阀上的节流孔将燃油压到高压泵的润滑和冷却回路中。带偏心凸轮的驱动轴或弹簧根据凸轮形状相位的变化而将泵柱塞推上或压下。如果供油压力超过了安全阀的开启压力（0.05～0.15MPa），则输油泵可通过高压泵的进油阀将燃油压入柱塞腔（吸油行程）。当柱塞达到下止点后而上行时，则进油阀被关闭，柱塞腔内的燃油被压缩，只要达到共轨压力就立即打开排油阀，被压缩的燃油进入高压回路。到上止点前，柱塞一直泵送燃油（供油行程）。达到上止点后，压力下降，排油阀关闭。柱塞向下运动时，剩下的燃油降压，直到柱塞腔中的压力低于输油泵的供油压力时，吸油阀再次被打开，重复进入下一工作循环。

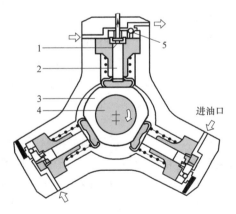

图4-26　高压泵结构
1—进油阀　2—柱塞组件　3—偏心轮
4—驱动轴　5—出油阀

4）高压泵的供油效率。由于高压泵是按高供油量设计的，在怠速和部分低负荷工作状态下，被压缩的燃油会有冗余。通常这部分冗余的燃油经调压阀流回油箱，但由于被压缩的燃油在调压阀出口处压力降低，压缩的能量损失而转变成热能，燃油温度升高，因此降低了总效率。若泵油量过多，则需要使柱塞泵空转，切断供应高压燃油可使供油效率适应燃油的需要量，可部分补偿上述损失。柱塞被切断供油时，送到共轨中的燃油量减少。因为在柱塞

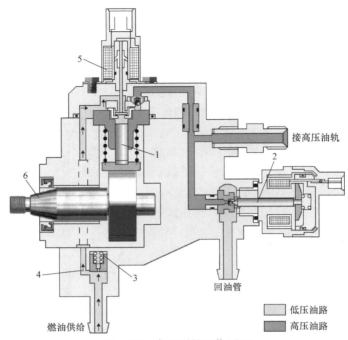

接高压油轨

回油管

燃油供给

■ 低压油路
■ 高压油路

图4-27　高压泵的工作原理

1—油泵柱塞　2—压力控制阀　3—节流阀　4—燃油供给通道　5—电磁阀　6—偏心凸轮

偶件切断电磁阀时，装在其中的衔铁销将吸油阀打开，从而使供油行程中吸入柱塞腔中的燃油不受压缩，又流回到低压油路，柱塞腔内不增加压力。柱塞被切断供油后，高压泵不再连续供油，而是处于供油间歇阶段，因此降低了功率消耗。高压泵的供油量与其转速成正比，而高压泵的转速取决于发动机转速。喷油系统装配在发动机上时，其传动比的设计一方面要减少多余的供油量，另一方面又要满足发动机全负荷时对燃油的需要。可选取的传动比通常为1:2和2:3，具体视曲轴而定。

（2）共轨（图4-28）

1）共轨的作用是储存高压燃油，高压泵的供油和喷油所产生的压力波动由共轨的容积进行缓冲。在输出较大燃油量时，所有气缸共用的共轨压力也应保持恒定，从而确保喷油器打开时喷油压力不变。

图4-28　共轨

2）共轨的结构。由于发动机的安装条件不同，带流量限制器、共轨压力传感器、调压阀和限压阀的共轨可进行不同的设计。

3）共轨的工作原理：共轨中通常注满了高压燃油，充分利用高压对燃油的压缩来保持储存压力，并用高压泵来补偿脉动供油所产生的压力波动，因此即使从共轨中喷射出燃油，共轨中的压力也近似为恒定值。

1.3　柴油发动机燃油供给系统的外观检查施工

1. 柴油发动机燃油供给系统的外观检查施工准备

（1）工具与设备准备

1）常用工具1套。

2）尖嘴钳1把。

3）卡环钳1套。

4）活动扳手1把。

5）呆扳手1套。

（2）理论知识准备

1）简述拆装发动机的供油系统的类型、外形并拍照记录。

_____

_____

2）简述此供油系统的零件组成并拍照记录。

_____

_____

_____

_____

3）解释供油泵的详细工作原理。

_____

_____

_____

_____

_____

_____

_____

_____

2. 燃油供给系统的外观检查施工作业

（1）供油系统拆卸

1）喷油器总成的拆卸。

2）拧松高压油管的接头螺母。

3）拆下高压油管及固定夹。

4）拆下回油管。

5）拆下喷油器固定螺母后，用专用工具拆下喷油器总成。

（2）供油系统总成分解

1）将喷油器固定在台虎钳上，用扳手拆下护帽。

2）用一字螺钉旋具旋出调整螺钉。

3）取出垫片、调压弹簧、心轴。

4）使喷油器喷嘴朝上，用套筒扳手拆下喷油器盖形螺母。

5）取出针阀偶件。

（3）喷油器总成装复

1）装上针阀偶件，并使针阀体上的定位销与喷油器体上的定位孔对齐。

2）按规定力矩拧紧喷嘴盖形螺母。

3）装上心轴、调压弹簧。

4）用一字螺钉旋具旋入调整螺钉。

5）装上垫圈及护帽。

（4）供油系统总成装车

1）将调试后的喷油器装在气缸盖上，并按规定的力矩拧紧喷油器固定螺母。

2）装上高压油管和夹板。

3）装上喷油器回油管。

1.4 任务的评估与检查

柴油发动机供油系统的外观检查施工评估与检查，见表4-1。

表4-1 柴油发动机供油系统的外观检查施工评估与检查

专业班级			学号			姓名	
考核项目		柴油发动机供油系统的外观检查					
考核项目	评分标准		教师评判			分值	评分
劳动态度（10%）	是否按照作业规范要求实施		是 □		否 □	10分	
现场管理（30%）	工作服装是否合乎规范		是 □		否 □	5分	
	有无设备事故		无 □		有 □	10分	
	有无人身安全事故		无 □		有 □	10分	
	是否保持环境清洁		是 □		否 □	5分	
实践操作（50%）	检测内容及操作	工、量具和物品是否备齐	充分□		有缺漏□	10分	
		检测操作	正确□		有错漏□	10分	
			熟练□		生疏□	10分	
		检测数据记录及分析判断				20分	
工作效率（10%）	作业时间是否超时		否□		是□	10分	
合计							

任务工单2　柴油发动机燃油供给系统的检修

2.1　工作中常见问题

1）柴油的牌号包括哪些?

2）如何选择柴油?

3）柴油的特点有哪些?

2.2　相关知识

1. 柴油

（1）柴油的性质　柴油是在533～623K的温度范围内，从石油中提炼出的碳氢化合物，碳含量87%，氢含量12.6%和氧含量0.4%。

（2）柴油的特征

1）蒸发性差、流动性差、自然温度低——必须采用高压喷射雾化方法与空气混合，因此，柴油发动机必须具有很大的压缩比、很高的喷油压力、很小的喷油器喷孔。

2）热度高——发动机功率大，燃油经济性好。

3）燃烧极限范围宽——属稀燃发动机，排放中CO、HC较少；输出功率取决于油量的调节。

（3）柴油的粘度和凝点

1）粘度表示流体的内摩擦，即燃油流动时分子间阻力的大小。燃油的粘度通常以动力粘度、运动粘度、条件粘度等表示。

2）燃油的粘度对于燃油的输送、过滤、雾化和燃烧有很大影响。粘度过高，不但输送困难、而且不利燃油雾化，会导致燃烧不良；粘度过低，则会造成喷油泵柱塞偶件、喷油器针阀偶件润滑不良而加快磨损。压力和温度对燃油的粘度影响很大，压力增加，粘度也增加；温度增加，粘度则下降。

3）表明低温流动性的指标有：凝点、浊点、倾点；浊点温度＞倾点温度＞凝点温度。

4）凝点：燃油冷却到失去流动性时的最高温度。一般燃油的倾点高于凝点3～5℃。

5）浊点：燃油开始变得混浊时的温度。一般柴油浊点高于凝点5～10℃。燃油的最低使用温度应高于浊点3～5℃。

6）倾点：柴油尚能保持流动性的最低温度。

（4）柴油的分类

1）5号轻柴油的冷滤点为8℃。

2）0号轻柴油的冷滤点为4℃。

3）－20号轻柴油的冷滤点为－14℃。

4）－10号轻柴油的冷滤点为－5℃。

5）－35号轻柴油的冷滤点为－29℃。

6）－50号轻柴油的冷滤点为－44℃。

（5）柴油牌号的选用原则　冷滤点是衡量轻柴油低温性能的重要指标，能够反映柴油低温实际使用性能，最接近柴油的实际最低使用温度。用户在选用柴油牌号时，应同时兼顾当地气温和柴油牌号对应的冷滤点，具体参照如下情况。

1）5号轻柴油适用于风险率为10%的最低气温在8℃以上的地区使用。

2）0号轻柴油适用于风险率为10%的最低气温在4℃以上的地区使用。

3）–10号轻柴油适用于风险率为10%的最低气温在–5℃以上的地区使用。

4）–20号轻柴油适用于风险率为10%的最低气温在–14℃以上的地区使用。

5）–35号轻柴油适用于风险率为10%的最低气温在–29℃以上的地区使用。

6）–50号轻柴油适用于风险率为10%的最低气温在–44℃以上的地区使用。

2. 燃油箱的保养与维修

燃油箱的保养与维修，主要是结合汽车常规保养，放出燃油箱内的积水和污垢，检查油管接头与开关等处是否有渗漏油现象。对装有空气阀和蒸气阀的燃油箱盖，还应检查其通气孔是否畅通。加油口的滤网应保持完好，以免加油时杂质进入燃油箱里，堵塞油路。加油口盖的密封垫圈也应完好，以免在车辆行驶时燃油箱内的油溢出。

1）汽车使用一段时间后，应对燃油箱进行一次彻底的清洗检修。

2）清洗燃油箱时，先用热水冲洗内部后，再用压缩空气吹干，借以清除燃油箱内部的柴油蒸气。

3）燃油箱放入含有10%氢氧化钠的水溶液内浸洗，浸洗后用流水冲洗燃油箱的内部和外部，也可用5%烧碱沸水溶液清洗。

4）用热水冲洗。

5）如果燃油箱外部有锈蚀，应用钢丝刷刷净后涂漆。

6）燃油箱清洗完毕后，要进行密封性的检查。检查时，将燃油箱的所有孔口用橡胶塞堵住，浸入水中。从油管接头孔输入压缩空气，若某部位有气泡冒出，即可判断出泄漏处，此时在泄漏处做好记号，除漆后焊接。

7）焊接时，可根据漏孔的大小和部位采用不同的焊接方法进行焊补。如果漏孔不大，可用锡焊焊接；如果漏孔过大，则应用补丁法焊接；如燃油箱上、下外壳接合处有裂纹时，焊前应先将燃油箱盖和油表传感器的浮子组端盖卸下，并在燃油箱内注满冷水，以防爆炸。焊接时用气焊将需要焊接处切去宽2~3mm的焊缝，再用气焊焊接。焊接后用锉刀修整焊接处。若燃油箱壁有较大的凹陷，可在凹陷处焊接一根铁棒，将凹陷拉出修复。

8）修复后的燃油箱，应再次做密封性试验。

2.3 柴油发动机燃油供给系统的检修施工

1. 柴油发动机燃油供给系统的检修施工准备

（1）工具与设备准备

1）常用工具1套。

2）尖嘴钳1把。

3）卡环钳1套。

4）活动扳手1把。

5）呆扳手1套。

（2）理论知识准备

1）解释调速器的详细工作原理。

_____

_____

_____

_____

_____

_____

2）解释共轨系统的详细工作原理。

_____

_____

_____

_____

_____

_____

2. 柴油发动机燃油供给系统检修施工

（1）喷油泵的柱塞与柱塞套检修

1）检查柱塞与柱塞套的密封性能。

2）检查柱塞套与泵体接触面有无变形、擦伤和凹凸不平。

3）检查柱塞控制套缺口与柱塞下凸块的配合间隙，不应超过 0.08mm。

4）检查柱塞与柱塞套的摩擦面的磨损和刮伤情况。

5）检查柱塞的端面、斜槽、柱塞套的油孔边缘等。

6）检查柱塞与柱塞套的摩擦面的磨损或刮伤情况。

7）检查柱塞的端面、斜槽、柱塞套的油孔边缘等。

（2）喷油泵的出油阀及阀座的检修

1）出油阀及阀座的检查：以手指堵住出油阀下面的孔，用另一手指将出油阀轻轻从上向下压。当手指离开出油阀上端时，它能自行弹回，即为良好。

2）若出油阀及阀座磨损过深或有伤痕，应成套更换。

3）出油阀圆柱导向面及减压凸缘的圆度公差为 0.002mm，圆柱度公差为 0.003mm，密封锥面的圆度为 0.001mm，密封锥面对圆柱导向面的跳动公差 0.004mm。出油阀与出油阀减压凸缘配合的内圆柱工作表面圆度、圆柱度公差为 0.002mm，配合间隙一般仅有 0.006～0.009mm；密封锥面对内圆柱工作表面的跳动公差为 0.008mm，密封端面对内圆柱工作表面的跳动公差为 0.04mm，面对密封端面的平行度公差为 0.03mm。

4）出油阀弹簧如有扭曲或弹性减弱，应换新件，其弹性应符合原标准规定。

5）精密配套零件磨损的痕迹可用研磨的方法予以消除。柱形工作表面磨损后，若配合间隙在 0.008～0.010mm 范围内，允许用镀铬法修复。

6）弹簧镀层脱落、表面磨损或有裂纹等，应予以更换。

7）弹簧上、下座应平整，柱塞下端突缘的顶面与弹簧下端的下表面之间应有一定的间隙。若无间隙，应更换。

（3）喷油器的检测与维修

1）喷油器的维护保养：清除积炭、喷油孔的积炭和脏污。

2）喷油器的检验与调整：加压 25MPa 后，每分钟的下降速度应大于 2.0MPa。拧动油针应均匀转动而无咬卡现象。

3）喷油压力测试：各气缸喷油器的喷油压力应相同，并应符合规定标准。否则调整喷油器调压螺钉的旋入量调节喷油压力。旋入调压螺钉时，喷油压力应提高；反之，则应降低。

4）喷油器油针与喷油器的密封性试验：以低于标准喷油压力 2.0MPa 的油压保持 20s，喷油器端部不得有滴漏和湿润现象。

5）喷油器喷油质量的检验：喷油器在标准压力的范围内时，以每分钟 60~70 次的速度摇动手柄，喷射出的柴油必须是均匀的雾状，没有肉眼可见的油流或油滴，发出清脆的响声为正常。停止喷油后立刻检查喷油器，应无成滴油珠（允许有潮湿）。

6）喷油器电磁线圈的阻值为 0.3~1.0Ω。

（4）喷油泵安装注意事项

1）安装前首先检查喷油泵的装备是否正确齐备、润滑类型、润滑油是否足量。

2）正确选用喷油泵垫块。

3）检查联轴器连接、喷油泵的安装应牢固稳定可靠。

4）检查供油时间及间隔角。

5）检查及调整供油量。

6）检查及调整调速器。

7）检查与调整怠速　操纵臂处于自由状态，试验台主轴转速降至低于怠速转速时，供油拉杆应向加油方向运动。然后缓慢提速，供油拉杆刚向减油方向运动时的转速即为怠速起作用转速。该转速应符合规范要求，如不符合可通过调整怠速螺钉解决。

8）复核工作　喷油泵经调试后，必须进行复核。重点复核额定供油量和高速断油转速。复核检验合格后，各调整部位必须锁紧，调速器螺钉还应铅封。

2.4　任务的评估与检查

柴油发动机供油系统检修施工评估与检查，见表4-2。

表 4-2　柴油发动机供油系统检修施工评估与检查

专业班级		学号		姓名		
考核项目	柴油发动机供油系统检修					
考核项目	评分标准	教师评判			分值	评分
劳动态度（10%）	是否按照作业规范要求实施	是 □		否 □	10分	
现场管理（30%）	工作服装是否合乎规范	是 □		否 □	5分	
	有无设备事故	无 □		有 □	10分	
	有无人身安全事故	无 □		有 □	10分	
	是否保持环境清洁	是 □		否 □	5分	

（续）

			充分□	有缺漏□	10 分	
实践操作 （50%）	检测内容 及操作	检测操作	正确□	有错漏□	10 分	
			熟练□	生疏□	10 分	
		检测数据 记录及分析 判断			20 分	
工作效率（10%）	作业时间是否超时		否□	是□	10 分	
合计						

工、量具和物品是否备齐

项目五
柴油发动机润滑系统检修

任务工单1　柴油发动机润滑系统认识

1.1　工作中常见问题

1）柴油发动机润滑系统的作用是什么？

2）柴油发动机润滑系统中的旁通阀、限压阀和止流阀的作用是什么？

3）是否每一台柴油发动机上都有曲轴箱通风装置？其作用是什么？

1.2　相关知识

1. 柴油发动机润滑系统整体认识（图1-29）

（1）润滑系统的功用　向做相对运动的零件表面输送定量的清洁润滑油，以实现液体摩擦，减小摩擦阻力，减轻部件的磨损。并对零件表面进行清洗和冷却。

（2）润滑系统的结构组成（图5-1）　润滑系通常由润滑油道、润滑油泵、润滑油滤清器和阀门等组成。为保证压力润滑所必需的油压和润滑油的循环，首先需有能提供足够油压的润滑油泵，控制油压的限压阀及通向各摩擦表面的油道、油管和油底壳等。

（3）干式油底壳优点

1）干式油底壳可以使发动机适于在纵向和横向大倾斜度条件下工作，不致产生供油间断。

2）干式油底壳可以使大量的润滑油免除与曲轴箱中的高温气体接触，可以有效地减少润滑油的氧化变质。

3）干式油底壳可以降低发动机的高度。干式油底壳润滑系统适用于高度紧凑、高通过性的工程机械柴油发动机。

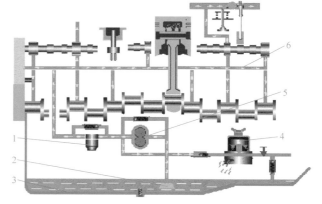

图5-1　润滑系统的结构组成

1—粗滤器　2—集滤器　3—油底壳　4—细滤器
5—润滑油泵　6—主油道

2. 柴油发动机润滑系统主要零部件

（1）润滑油泵（图5-2）的作用是将一定压力和一定数量的润滑油压供到润滑表面。

1）齿轮式润滑油泵结构和工作原理（图5-3）。齿轮式润滑油泵结构：润滑油泵的进油口通过进油管与集滤器相通。出油口的出油道有两个：一个在壳体上与曲轴箱的主油道相通，这是主要出口；另一个在泵盖上用油管与细滤器相通。齿轮式润滑油泵工作原理：在齿轮转动过程中，润滑油被两齿轮齿与外壳之间的空间带到前方，从进油腔到出油腔，在出油腔两对齿啮合挤压，润滑油变成压力润滑油从出油腔出去。

图5-2　润滑油泵

图5-3　齿轮式润滑油泵

2）康明斯发动机润滑系统转子泵（图5-4）。转子式润滑油泵结构紧凑，吸油真空度高，泵油量大，当泵的安装位置在机体外或吸油位置较高时，用转子式润滑油泵尤为合适。转子式润滑油泵工作原理：在齿轮转动过程中，润滑油被外齿和内齿之间的空间带到前方，从进油腔到出油腔，在出油腔外齿和内齿之间挤压，润滑油变成带压力的润滑油从出油腔出去。

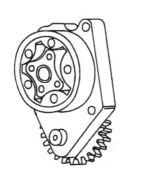
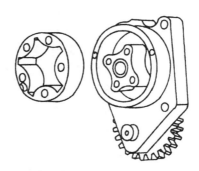

图5-4　康明斯发动机润滑系统转子泵

（2）润滑油滤清器（图5-5）

1）润滑油滤清器的作用是将固体颗粒或胶质过滤掉，以保持润滑油的清洁，延长润滑油的使用寿命，保证发动机正常工作。

2）润滑油滤清器的类型按滤清方式可分为过滤式和离心式；按滤清器的工作范围可分为粗滤器和细滤器；按滤芯结构可分为金属网式、缝隙式、纸质滤芯式和复合式等。

3）集滤器。润滑油泵的前置集滤器，是具有金属网的滤清器，用来防止较大的杂质进入润滑油泵，通常安装在润滑油泵之前。一般采用滤网式，用来防止颗粒度大的杂质进入润滑油泵。集滤器可分为浮式和固定式两种。

4）粗滤器的作用是过滤润滑油中颗粒较大（直径为 0.04mm 以上）的杂质；串联于润滑油泵与主油道之间，属于全流式滤清器，因其对润滑油的流动阻力较小。纸质滤芯式滤清器，滤芯分内外两层，外层滤芯由波折的微孔纸组成，内层芯是用金属丝编成的滤网或冲压的多孔板，以加强滤纸。润滑油从外围经过滤芯的过滤后从中心流向主油道。波折

图 5-5　润滑油滤清器

的微孔纸过滤面积很大，既有较好的过滤能力又有较大的通过性。它的成本低，可定期更换，既可作为全流式，也可作为分流式滤清器。

5）复合式滤清器。复合式滤清器把筒状网式细滤芯套在波折微孔细滤芯外面，形成粗、细滤芯串联在一起的复合式滤清器。它串联在主油道上，两个滤芯有各自的旁通阀，用来清除微小（直径在 0.001mm 以上）的杂质、胶质和水分；多与主油道并联，属于分流式滤清器，对润滑油的流动阻力较大；也有制成全流式的，但需加装旁通阀，以防断流。

6）离心式细滤器。为了解决过滤能力与通过能力的矛盾、通过能力随淤积物的增加而下降、定时更换滤芯而使保养费用增加等问题。采用离心式滤清器。由壳体、转子轴、转子体、转子盖、进油限压阀、润滑油散热器开关、润滑油散热器安全阀、进油孔、出油孔等组成。壳体与转子轴固装，转子盖与转子体紧固在一起，转子下面装有推力轴承。转子下面有两个水平安装且互成反向的喷嘴，在油的反射力作用下，转子及其内腔的润滑油高速旋转，转速可高达 10000r/min 左右。在离心力的作用下，润滑油中的杂质被甩向转子盖内壁并沉积下来，清洁的润滑油从出油口流回油底壳。

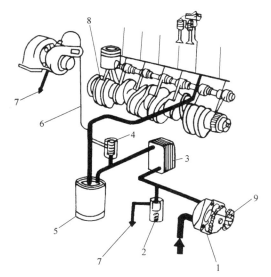

图 5-6　康明斯柴油发动机润滑系统
1—润滑油泵　2—调节阀　3—润滑油冷却器
4—滤清器旁通阀　5—润滑油滤清器
6—增压器润滑油供油管　7—润滑油返回油底壳
8—活塞冷却喷嘴　9—润滑油泵惰轮

（3）康明斯柴油机润滑系统（图5-6）

1）康明斯柴油发动机润滑系的结构主要由油底壳、集滤器和进油管、润滑油泵、限压阀、旁通阀、润滑油散热器、粗滤器、细滤器、主油道等组成。

2）康明斯柴油发动机润滑系的工作原理

① 发动机曲轴的主轴颈、连杆轴承、凸轮轴轴承、摇臂轴润滑孔、空气压缩机润滑油道、平衡轴和正时齿轮和润滑油泵驱动轴等采用压力润滑；活塞采用喷油润滑，活塞环、活

塞销、气缸壁、气门、挺杆和凸轮等采用飞溅润滑。

②发动机工作时，润滑油经淹没式集滤器初步过滤后进入润滑油泵，润滑油泵使润滑油产生一定的压力而输出。由润滑油泵流出的油通过润滑油冷却器冷却后，流经滤清器进入主油道，并由此流向各运动零件的工作表面。

③康明斯B系列发动机采用转子式润滑油泵，润滑油通过集滤器从发动机油底壳吸出后，流经润滑油冷却器，润滑油滤清器，再到主油道和各分油道以及各润滑部件。在润滑油泵的后面有一个限压阀，以限制发动机的润滑油压力不超过495kPa。润滑油滤清器的前面有一个旁通阀，以保证万一润滑油滤清器堵塞后发动机还有润滑油。润滑油泵由曲轴正时齿轮通过一个惰轮驱动，润滑油泵与曲轴的速比是36:28。

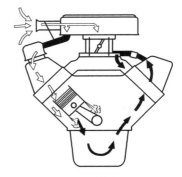

3）曲轴箱通风（图5-7）作用：防止润滑油变质，减小摩擦零件的磨损和腐蚀；降压、降温、防漏；减小对大气的污染和增强对可燃气体回收。曲轴箱通风类型有自然通风法和强制通风法两种。

图5-7　曲轴箱通风

1.3　柴油发动机润滑系统外观检查施工

1. 柴油发动机润滑系统外观检查施工准备

（1）工具与设备准备

1）常用工具1套。

2）尖嘴钳1把。

3）卡环钳1套。

4）活动扳手1把。

5）呆扳手1套。

（2）理论知识准备

1）柴油发动机的润滑系统组件有哪些?

_____

_____

_____

_____

_____

_____

2）解释润滑油泵的作用。判断润滑油泵的类型。解释工作原理。

_____

_____

_____

_____

_____

　　3）解释该发动机的润滑油路。

_____

_____

_____

_____

_____

_____

2. 润滑系统的外观检查施工

（1）润滑系统拆卸

1）拆卸发动机齿轮式润滑油泵。

2）将润滑油泵固定在台虎钳上，拆下集滤器和卡环及滤网。

3）拆下吸油管和出油管的紧固螺栓，分别卸下吸油管、出油管及密封垫等。

4）用扁铲铲平传动齿轮前端锁片，松开固定螺母，拉出润滑油泵传动齿轮，并取出半圆键。

5）松开润滑油泵盖上的紧固螺栓，取下润滑油泵盖。

6）取出主动齿轮、从动齿轮及轴。从动齿轮轴与泵体是过盈配合，如无损坏可不必拆分。

7）用扁铲铲平锁片后，用扳手拧下限压阀总成。将限压阀总成固定在台虎钳上，拆下开口销，取出弹簧座、弹簧及钢球。

（2）润滑系统安装

1）清洗各零件后放妥备装。

2）发动机齿轮式润滑油泵装复。

3）将泵体固定在台虎钳上，分别装上主动轴和从动轴，再装上主动齿轮和从动齿轮。

4）装上油泵盖。将主、从动轴的后端对准泵盖轴承孔后，交叉拧紧紧固螺栓。

5）在主动轴的前端键槽中装上半圆键，再装上润滑油泵传动齿轮、锁片和螺母，拧紧螺母后，用锁片将螺母锁住。

6）装上出油管密封垫及润滑油泵出油管总成，然后拧紧两个螺栓。

7）装上吸油管密封垫及吸油管，拧紧两个螺栓。

8）将滤网装入集滤器，并装上卡环。卡环应卡入卡环槽内。

9）将钢球、限压阀弹簧、弹簧座依次装入限压阀体中，并将开口销插入限压阀体的销孔中。

10）将限压阀总成装入润滑油泵泵盖。注意先装锁片再拧紧限压阀体，然后将锁片锁止。

1.4 任务的评估与检查

　　柴油发动机润滑系统的外观检查施工评估与检查，见表5-1。

表 5-1　柴油发动机润滑系统的外观检查施工评估与检查

专业班级		学号		姓名		
考核项目		柴油发动机润滑系统的外观检查				
考核项目	评分标准	教师评判		分值	评分	
劳动态度(10%)	是否按照作业规范要求实施	是　□	否　□	10 分		
现场管理 （30%）	工作服装是否合乎规范	是　□	否　□	5 分		
	有无设备事故	无　□	有　□	10 分		
	有无人身安全事故	无　□	有　□	10 分		
	是否保持环境清洁	是　□	否　□	5 分		
实践操作 （50%）	检测内容 及操作	工、量具和物品是否备齐	充分□　有缺漏□		10 分	
		检测操作	正确□	有错漏□	10 分	
			熟练□	生疏□	10 分	
		检测数据 记录及分析 判断			20 分	
工作效率(10%)	作业时间是否超时	否□	是□	10 分		
合计						

任务工单 2　柴油发动机润滑系统的检修

2.1　工作中常见问题

1）柴油发动机润滑油的润滑原理是什么？

2）柴油发动机润滑中，润滑油的作用是什么？

3）柴油发动机润滑中，润滑油的类型有哪些？

2.2　相关知识

1. 柴油发动机润滑系统相关知识

（1）零件润滑的必要性　零件表面都有一定的表面粗糙度。传力零件相对运动表面产生摩擦和磨损消耗动力，会阻碍运动，使零件发热，甚至使表面烧损，因此，必须进行润滑。零件的润滑表面放大图，如图 5-8 所示。

（2）零件润滑原理　在两零件的工作表面之间加入一层润滑油使其形成油膜，将零件完全隔开，处于完全的液体摩擦状态。零件润滑分为旋转零件润滑和滑动零件润滑。旋转零件油膜的建立，如图 5-9 所示；滑动零件油膜的建立，如图 5-10 所示。

（3）润滑油的作用

1）润滑作用：润滑油不断地供给各零件的摩擦表面，形成润滑油膜，可以减小零件的摩擦、磨损和功率消耗。

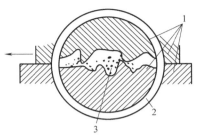

图 5-8　零件的润滑表面放大图
1—润滑表面　2—放大镜　3—金属粉末

2）清洁作用：润滑系统通过润滑油的流动，将零件表面的杂质冲洗下来，带回到曲轴箱。

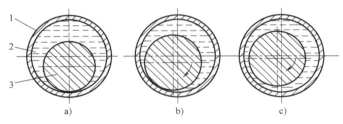

图 5-9　旋转零件油膜的建立
1—轴承　2—润滑油　3—轴

3）冷却作用：润滑油流经零件表面时可吸收其热量并将部分热量带回到油底壳，再由油底壳散入大气中，起到冷却作用。

4）密封作用：密封气缸壁与活塞、活塞环与环槽之间的间隙。

5）防蚀作用：防止或减轻零件生锈蚀和化学腐蚀。

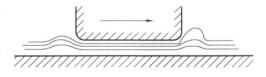

图 5-10　滑动零件油膜的建立

（4）润滑油的润滑方式与分类

1）压力润滑。对负荷大且相对运动速度高的摩擦面，如主轴承、连杆轴承、凸轮轴轴承和气门摇臂轴（因位置偏高）等都利用润滑油泵采用润滑强度较大的压力润滑。

2）飞溅润滑。对外露表面、负荷较小的摩擦面，例如：凸轮与挺杆、偏心轮与汽油泵摇臂、活塞销与销座及连杆小端等，一般采用飞溅润滑。即依靠从主轴承和连杆轴承两侧漏甩出的润滑油和油雾来进行润滑。

3）喷油润滑。有些零部件（如活塞）的热负荷非常严重，如康明斯发动机，在气缸体内部活塞的下壁上装有一喷嘴，用于将润滑油喷上活塞的底部以冷却活塞。

（5）润滑油的成分

1）基础油主要分矿物基础油、合成基础油以及生物基础油三大类。矿物基础油应用广泛，用量很大（约95%以上），但有些应用场合则必须使用合成基础油和生物基础油调配的产品，因而使这两种基础油得到迅速发展。

2）添加剂包括：清洁剂、抗氧化剂、碱、抗磨剂、凝点调整剂、粘度改善剂等。目前我国主要添加剂生产商都在北方，因为相对于南方，在北方生产的添加剂含水量更低。

（6）润滑油的等级分类

无论是国产润滑油还是进口润滑油基本都与国际通用标准一致，以润滑油粘度分类。

1）高温型（如 SAE20-SAE50）：其标明的数字表示 100℃时的粘度；数字越大，粘度越高。

2）低温型（如 SAE0W-SAE25W）：W 是冬天（WINTER）的英文缩写，表示仅用于冬天；数字越小，粘度越低，低温流动性越好。

3）全天候型（如 SAE15W/40，10W/40，5W/50）：表示低温时的粘度等级分别符合 SAE15W；10W；5W 的要求；高温时的粘度等级分别符合 SAE40.50 的要求；属于冬夏通用型。

（7）柴油发动机润滑油选用注意事项　针对不同发动机选择不同种类润滑油。柴油发动机润滑油和汽油发动机润滑油不可混用。汽、柴通用润滑油则可通用于汽油和柴油发动机。选择润滑油的质量等级时，应尽量选择高质量等级的润滑油。润滑油粘度等级选择要适当。在选购润滑油时，要注意以下几点。

1）看商标及条形码是否有权威部门的认证，如 ISO 9002 等认证购买品牌油。

2）价格应适中，并非价格越高越好。

3）严格按照出厂说明书规定等级选择润滑油，质量等级可高不可低。

4）要根据发动机生产年代，工作条件等选择润滑油。如 20 世纪 80 年代生产的汽油发动机，压缩比高的应选择 SF 级以上的汽油发动机润滑油。高速高负荷增压柴油发动机应选择 CD 级以上的柴油发动机润滑油。中负荷低压或自然吸气柴油机选择 CC 级以上的柴油润滑油。近年来生产的柴油发动机应选用 SJ/CF-4 以上级别的润滑油。

5）粘度上要根据车辆使用环境、工况及发动机新旧磨损程度选用。新的发动机应选择粘度较小的润滑油，磨损严重的选择粘度较大的润滑油。

6）尽量选择全天候型润滑油。

2. 康明斯柴油发动机润滑油

康明斯柴油发动机的润滑油有一些独有的特点，在装有 HVT、STC 的柴油发动机上，润滑油还有液力传递的作用。康明斯润滑油性能的好坏，可以通过润滑油的主要检验指标反映出来，这些指标主要包括：粘度、倾点、氧化稳定性、酸性和碱性（TAN 和 TBN）。

（1）康明斯润滑油的粘度等级的选择

1）在 SAE（美国汽车工程师协会）标准中，将润滑油的粘度分为单级和多级。使用多级润滑油能降低沉积物的形成，改善发动机在低温条件下的起动性能等，并能通过在高温条件下保证润滑而提高发动机耐久性。康明斯发动机有限公司推荐在正常环境温度运行条件下（温度在 -15℃以上）使用 SAE 15W/40 润滑油。实践证明，在发动机低负荷时使用多级润滑油可比单级润滑油大大降低燃油消耗。

2）在温度较低的气候条件下可以使用粘度较低的多级润滑油，但只要环境温度回升，就应用 15W/40 润滑油。有关润滑油粘度等级与环境温度的对照及使用见表 5-2。

表 5-2　润滑油粘度等级与环境温度的对照及使用

SAE 粘度等级	环境温度	SAE 粘度等级	环境温度
10W	−20℃ ~ −6℃	30W	4℃ ~32℃
20W	−20℃ ~ −10℃	40W	1℃以上

3）对于在环境温度恒定保持在 −25℃ 以下运行的发动机，推荐使用 API 等级Ⅲ的人工合成润滑油。

4）康明斯发动机有限公司不推荐采用单级润滑油，在确实不能购得多级润滑油的地方，可以用单级润滑油替代。但采用单级润滑油会使发动机在起动初期和低负荷时润滑变差、燃油消耗量升高，或高负荷时粘度太小、润滑变差。当使用单级润滑油时，必须确保润滑油在表 5-2 所列环境温度范围内运行。

5）不推荐在新的或大修过的康明斯发动机上使用特殊"磨合"润滑油。

（2）质量等级的说明　康明斯发动机有限公司推荐使用符合美国石油协会（API）性能等级 CF-4 或更高等级的润滑油。如果不能购得 CF-4 级的润滑油，非电喷和无排放要求的发动机允许使用 CD 级的润滑油，但应按要求缩短换油期；低于 CD 级的润滑油一律不得采用。

美国石油协会（API）的润滑油性能分为两大系列：字母"C"开头的表示该润滑油的性能品质满足发动机制造商的要求；字母 S 开头的表示该润滑油性能品质满足工程机械制造商的要求。下面简述字母"C"开头的润滑油性能等级。

1）CA：适用于轻负荷柴油发动机。对自然吸气式柴油发动机，若在使用优质燃料时，能减少轴承侵蚀及活塞环内沉积物的形成。

2）CB：适用于普通负的柴油发动机。能防止轴承侵蚀，对燃烧高硫燃料的自然吸气式柴油发动机，也有减少沉积物生产的作用。

3）CC：适用于中、高等负荷柴油发动机。对低增压的柴油发动机，有防止高温沉积物形成和防止轴承被腐蚀的作用；在汽油发动机中也有防锈蚀和低温沉积物生成的功效。

4）CD：适用于高负荷柴油发动机。它适用于高速、高增压发动机，对燃料规格的适应性强，具备有效防腐及减少沉积物的作用。康明斯发动机有限公司生产的 NH、K 系列发动机中的低强化发动机可以采用该等级的润滑油。

5）CE：适用于高速、高负荷的涡轮增压柴油发动机，其基本性能与 CD 级相似，但必须经过康明斯 NTC-400 发动机性能试验的测试。CE 为过渡性能等级。

6）CF：主要适用于间接喷射式柴油发动机，不适用于康明斯发动机有限公司生产的柴油发动机。

7）CF-4：适用于高性能、高负荷柴油发动机，特别适用于高速公路上行驶的重型车辆。它能有效改善润滑油消耗量大的问题及控制活塞环积炭。

8）康明斯发动机推荐 CF-4 等级的润滑油适用于所有康明斯发动机有限公司生产的非电喷式发动机。电喷发动机均要求采用符合 API 等级 CG-4 的润滑油，同时必须使用符合环保标准的低硫燃油。

综上所述，康明斯发动机有限公司推荐使用符合下列 API 级别的润滑油的原则是：CB、CC——康明斯发动机不能使用；CD——康明斯发动机有条件地使用；CF-4——推荐大多数康明斯发动机使用；CG4——用于康明斯电喷发动机。

（3）合成润滑油使用　合成润滑油专用于环境温度最低达 – 45℃的极端环境条件下。在这些极端条件下，石油基润滑油用在柴油机上的效果不好。康明斯发动机有限公司推荐在环境温度恒定保持在 – 25℃以下的情况下使用合成或部分合成润滑油。所有润滑油必须符合 API 分类级别Ⅲ和 SAE 粘度等级。

合成或部分合成润滑油一定不能用于新的或大修过的发动机的磨合。在第一个换油周期以内使用标准的石油基优质 15W/40 润滑油。使用合成或部分合成润滑油时，推荐采用与石油基润滑油相同的换油周期。

（4）润滑油换油期　康明斯发动机有限公司根据润滑油污染情况来制定润滑油更换技术规范。保持正确的润滑油和滤清器更换周期是一台发动机正常运转的重要因素。

润滑油在使用过程中会被污染，润滑油中的主要添加剂将逐渐被耗尽。但只要这些添加剂能正常地起作用，润滑油就能很好地保护发动机。在润滑油和滤清器更换间隔之间，润滑油逐渐被污染是正常的。污染的程度主要取决于发动机的运转状况、润滑油使用的小时数或公里数、燃油消耗量和新添加的润滑油量。延长润滑油和滤清器更换间隔期，会由于腐蚀、积炭、磨损不良因素而降低发动机寿命。

发动机的换油周期最长不能超过 250h 或 6 个月（发电用发动机为 250h 或 12 个月）。更换润滑油的同时，必须同时更换全流式润滑油滤清器和旁通滤清器。

3. 柴油发动机润滑系统典型故障的类型分析

1）轴瓦损坏原因：与润滑油相关的轴瓦损坏，主要有两个原因：缺油或油太脏。缺油或供油不足会造成曲轴和瓦间的油膜厚度不够。因此，轴瓦表面就可能被划伤甚至抱死。

① 轴瓦损坏的第一阶段是涂抹，表层轴瓦材料有移位现象。这时往往发生在轴承中部。

② 轴瓦损坏的第二阶段是划伤，更深层的轴瓦材料（如铝），有移位现象。

③ 轴瓦损坏的最后阶段则是轴承材料的剥落。轴瓦表层材料，如铅锑合金镀层完全离开了轴瓦进入润滑油中。进入润滑油中的金属颗粒将会堵塞滤清器。

2）曲轴损坏原因：当供油不足或缺油时，曲轴有可能与轴瓦接触。高速旋转的曲轴会因此产生大量的摩擦热，这可能使轴瓦材料熔化而粘结在曲轴上。严重时曲轴本身的材料也会被剥落。

3）涡轮增压器损坏原因：与润滑油相关的涡轮增压器的损坏原因也是油太脏或缺油。油中杂质可以划伤、磨损轴承表面，最终也造成和缺油一样的损坏，致使轴承间隙变大。从而产生更进一步的损坏；叶轮摩擦壳体，叶轮轴弯曲甚至断裂。轴和轴承上很细的划痕就是油中杂质引起的初期磨损的表现。

4）活塞与活塞损坏原因：油中的杂质。润滑油中的颗粒将磨损活塞的裙部，其表现是白色的活塞表面变成了暗灰色。同时活塞环表面的铬被磨掉，环槽会因磨损而变大，缸套也会因磨光而失去储油的能力。

5）许多与润滑油相关的损坏都是由于油太脏或油变质，无法提供合适的润滑能力或不能到达所需润滑部位造成的。降低发动机因润滑油变质而损坏的最好办法就是定期抽取润滑油样品检查。

2.3 柴油发动机更换润滑油施工

1. 柴油发动机更换润滑油施工准备

（1）工具与设备准备

1）常用工具1套。

2）卡环钳1套。

3）润滑油回收装置1套。

（2）理论知识准备

1）润滑系统的作用有哪些？

_____

_____

_____

_____

_____

2）柴油发动机的润滑油等级类型有哪些？

_____

_____

_____

_____

_____

3）柴油发动机润滑油的选用应该注意哪些事项？

_____

_____

_____

_____

_____

_____

2. 柴油发动机更换润滑油施工

1）认识柴油发动机润滑油的加注口（各种的型号），特别是各组工程机械柴油发动机的润滑油箱。

2）检查柴油发动机润滑油的油量，观察油尺，如图5-11所示。

①冷车状态：柴油发动机停止发动机工作15min以上，汽车发动机润滑油温度为常温，油面应该在油尺"COOL"两刻度之间："MAX"～"MIN"。

②热车状态：起动柴油发动机，加速到1000转以上，柴油发动机工作5min以上，柴油发动

机润滑油温度为 60℃ 以上然后停止发动机工作，油面应该在"HOT"两刻度之间："MAX"~"MIN"。

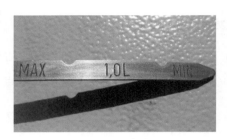

图 5-11　观察油尺

3）检查柴油发动机润滑油的油质（色泽、气味、粘度）、并做好记录。

4）回收旧润滑油（图 5-12）。

① 检查发动机润滑系统有无渗漏。

② 找到放油螺钉。

③ 准备柴油发动机废油回收机。

④ 打开放油螺钉（注意扳手的使用方法），回收柴油发动机润滑油。

⑤ 拧紧放油螺钉。

5）更换润滑油滤清器（图 5-13）。

图 5-12　回收旧润滑油

图 5-13　更换润滑油滤清器

① 找到柴油发动机润滑油滤清器。

② 用工具拧下柴油发动机润滑油滤清器。

③ 选用正确的柴油发动机润滑油滤清器。

④ 安装柴油发动机润滑油滤清器。

6）选择正确的柴油发动机润滑油（图 5-14）。

① 分析确定，加注或更换柴油发动机润滑油。

② 根据柴油发动机的强化程度选用合适的润滑油使用级。

③ 根据使用地区的当季气温选用适当粘度等级的润滑油。

7）加注新润滑油，如图 5-15 所示。

图 5-14　柴油发动机润滑油

图 5-15　加注新润滑油

2.4　任务的评估与检查

柴油发动机更换润滑油施工评估与检查，见表5-3。

表5-3　柴油发动机更换润滑油施工评估与检查

专业班级			学号			姓名	
考核项目			柴油发动机更换润滑油				
考核项目	评分标准		教师评判			分值	评分
劳动态度(10%)	是否按照作业规范要求实施		是　□		否　□	10分	
现场管理 （30%）	工作服装是否合乎规范		是　□		否　□	5分	
	有无设备事故		无　□		有　□	10分	
	有无人身安全事故		无　□		有　□	10分	
	是否保持环境清洁		是　□		否　□	5分	
实践操作 （50%）	检测内容 及操作	工、量具和物品是否备齐	充分□		有缺漏□	10分	
		检测操作	正确□		有错漏□	10分	
			熟练□		生疏□	10分	
		检测数据 记录及分析 判断				20分	
工作效率(10%)	作业时间是否超时		否□		是□	10分	
合计							

项目六
柴油发动机冷却系统检修

任务工单1　柴油发动机冷却系统认识

1.1　工作中常见问题

1）柴油发动机冷却系统的作用、组成有哪些？
2）柴油发动机冷却系统工作原理、分类、零件和组件有哪些？
3）柴油发动机冷却系统的拆装要点和检修方法有哪些？

1.2　相关知识

1. 柴油发动机冷却系统概述

柴油发动机冷却系统的功能作用是避免发动机零件受热膨胀导致卡死、润滑油失效或机械强度降低等现象。因为发动机零件受热膨胀，造成相对运动零件之间的间隙减小，从而形成卡死。发动机零件过热还会降低机械的强度。热量会致使发动机进气效率下降，功率降低，引起爆燃或表面点火。

柴油发动机冷却系统应重点冷却部位包括：发动机中的燃烧室的零件的热负荷最大，其中包括气缸盖、活塞顶、气缸体上部、火花塞，气门等，二冲程发动机还包括气体的排气口。

柴油发动机冷却强度应适当。正常的冷却损失为燃烧放热能量的22%～25%，过度冷却会引起相对运动零件之间的间隙变大，使发动机出现油耗增加，功率下降，磨损加剧等一系列问题。柴油发动机冷却强度调节：发动机由于使用条件（负荷、转速和环境温度）经常改变，冷却强度也必须不断地改变。否则，会出现发动机过热或过冷现象，影响正常使用。冷却强度通过两种方式调节：一是改变通过散热器的空气量，靠百叶窗和风扇离合器来完成；另一种是改变通过散热器的冷却液量，靠节温器来完成冷却。

柴油发动机的冷却系统有风冷与水冷之分。以空气为冷却介质的冷却系统称为风冷却系统，以冷却液为冷却介质的称为水冷却系统。

2. 柴油发动机水冷却系统

发动机的水冷却系统为强制循环水冷却系统，由水泵、散热器、冷却风扇、节温器、补偿水桶、发动机机体和气缸盖中的水套以及其他附属装置等组成，如图6-1所示。发动机的水冷却系统的工作原理是将冷却部件的热量传递给冷却液，由冷却液传递给散热器，由散热器传递给外部空气。

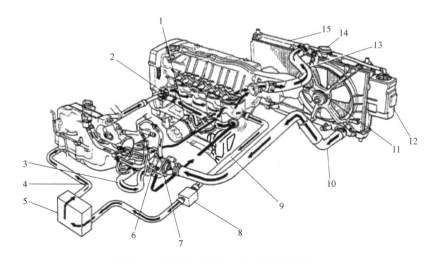

图 6-1　柴油发动机的水冷却系统的组成

1—润滑油冷凝器　2—冷却水泵　3—旁通管　4—暖风机出水管　5—暖风机　6—旁通阀
7—节温器　8—水阀　9—暖风机进水软管　10—散热器出水软管　11—电动风扇
12—补偿水桶　13—散热器进水软管　14—散热器盖　15—散热器

柴油发动机冷却系统的冷却液在柴油发动机中的冷却循环为：冷却液在水泵中增压后流向分水管，然后流向发动机的机体水套，然后流向气缸盖水套，然后流向节温器，然后流向散热器进水软管，然后流向散热器，然后流向散热器出水软管，然后流回水泵，冷却循环如图 6-2 所示。

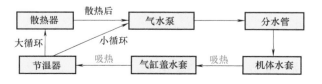

图 6-2　冷却循环

有些发动机的水冷却系统，其冷却液的循环流动方向与上述相反，可称为逆流式水冷却系统。由于它改善了燃烧室的冷却且允许发动机有较高的压缩比，因此可以提高发动机的热效率和功率。分水管或分水道的作用是使多气缸发动机中各气缸的冷却强度均匀一致。大多数机械装有暖风系统。暖风机是一个热交换器，也可称作第二散热器。

（1）水冷却系统的大循环（图 6-3）　当冷却液温度大于 86℃时，水冷却系统中的冷却液经水泵→水套→节温器→散热器，又经水泵压入水套的循环，其水流经过的路线长，散热强度大，称为水冷却系统的大循环。当发动机冷却液温度较高时，节温器阀门将大循通道开启，小循通道关闭；发动机处于大循环散热过程。

（2）水冷却系统的小循环（图 6-4）　当冷却液温度小于 76℃时，水冷却系统中的冷却液经水泵、水套、节温器后不经散热器，直接由水泵压入水套的循环。其冷却液流经过的路线短，散热强度小，称为水冷却系的小循环。当发动机冷却液温度较低时，节温器阀门将大循环通道关闭，将小循环通道打开，发动机处于小循环散热过程；一般应用于发动机暖机过程。

（3）水冷却系统的混合循环（图6-5）　小循环、大循环同时存在，当冷却液温度处于76～86℃时，发动机冷却液温度逐步升高，节温器阀门将大循环通道部分开启，小循环通道部分关闭；发动机小循环、大循环同时工作。

3. 冷却系统的主要零件

（1）风扇

1）风扇的作用。风扇属于散热器的空气流量的控制，安装于散热器后方，部分发动机风扇与水泵同轴，风

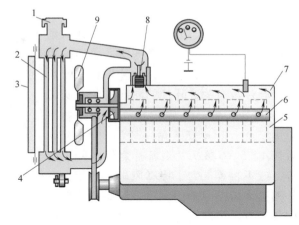

图6-3　水冷却系统的大循环

1—散热器盖　2—散热器　3—百叶窗　4—水泵　5—机体水套
6—分水管　7—气缸盖水套　8—节温器　9—风扇

扇旋转时，会产生轴向吸力，增加流过散热器芯的空气量，可加速对流经散热器芯的冷却液的冷却，从而加强了对发动机的冷却作用。

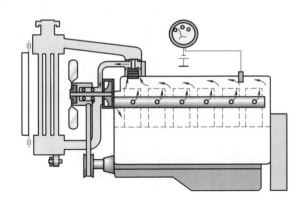

图6-4　水冷却系统的小循环

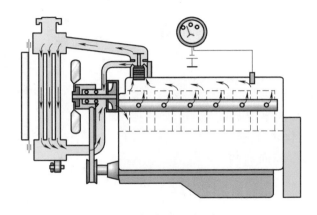

图6-5　水冷却系统的混合循环

2）风扇的结构。多采用低压头、大风量、高效率的轴流式风扇，如图6-6所示。在风扇外围装设导风罩，以提高风扇效率。风扇的扇风量主要与风扇直径、转速、叶片形状、叶片安装角及叶片数有关。叶片的断面形状有圆弧形和翼形两种。翼形风扇效率高、消耗功率少、应用广泛。叶片安装角一般为30°～45°，叶片数为4、5、6或7片。叶片之间的间隔角或相等，或不相等。为了提高风扇的效率，在风扇外围通常装设一个护风罩。有些柴油发动机采用各种自动风扇离合器控制风扇的风量以改变冷却强度。这种方法是根据发动机的温度

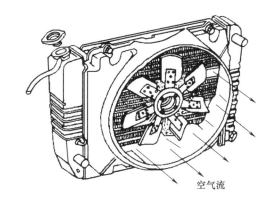

图6-6　轴流式风扇

自动控制风扇的转速，以达到改变通过散热器的空气流量的目的。这不仅能减少发动机的功率损失（普通风扇约消耗发动机功率的5%～10%，而在柴油发动机工作中需要风扇工作的时间不到10%），节省燃油，而且还能提高发动机的使用寿命，降低噪声。

3）电动风扇（图6-7）。电动风扇由电动机驱动，受冷却液温度控制的温控开关控制风扇的转动，不受发动机转速的影响。这样，既能保证发动机在柴油电动机低速时的冷却，又可减少消耗发动机的功率。电动风扇由风扇电动机驱动并由蓄电池供电，故风扇转速与发动机转速无关。优点是结构简单，布置方便。风扇转速由温控热敏电阻开关控制。当冷却液温度为92～97℃时、风扇转速为2300r/min。当冷却液温度升高到99～105℃时，风扇转速为2800r/min。当冷却液温度降到84～91℃时，风扇停转。在发动机电控系统中，电动风扇由ECU控制。

4）硅油式风扇（图6-8）。风扇离合器的结构形式有硅油式、电磁式和机械式三种类型，其中硅油式应用最多。硅油式风扇的工作原理如下。

① 当发动机在小负荷情况下工作时，冷却液和通过散热器的气流温度不高，进油孔被阀片关闭，硅油不能从贮油腔流入工作腔。工作腔内无油，离合器处于分离状态。这时主动轴与水泵轴一起转动，风扇随离合器壳体在主动轴上空转。此时，风扇的转动，仅仅由于密封毛毡圈和轴承的微弱的摩擦而引起，转速很低。

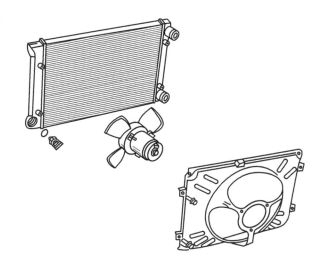

图6-7　电动风扇

② 当发动机负荷增加、散热器中冷却液温度升高时，通过散热器的气流温度随之升高。双金属片感温器受热变形而带动阀片轴和阀片转过一定角度。当吹向感温器的气流温度超过

338K（65℃）时，阀片转至进油孔打开的位置，于是硅油从贮油腔进入工作腔。由于主动板与从动板、壳体之间的缝隙进入了粘度很大的硅油，主动板利用硅油的粘度即可带动壳体和风扇转动。此时，风扇离合器处于接合状态，风扇转速迅速提高。因为主动板驱动壳体和风扇转动是以油为介质的，并非刚性传动，所以风扇转速总是低于主动轴的转速，并伴随着功率损失。

③ 当发动机负荷下降，吹向感温器的气流温度低于308K（35℃）时，阀片将进油孔关闭，工作腔内油液继续从回油孔甩向贮油腔，直至甩空为止，致使风扇离合器又回复到分离状态。

④ 当硅油风扇离合器失灵时，可旋松圆柱头内六角头螺栓，将锁止板端部的指销插入主动轴的孔中，再旋紧螺栓，使风扇离合器的壳体、风扇与主动轴连成一个整体。

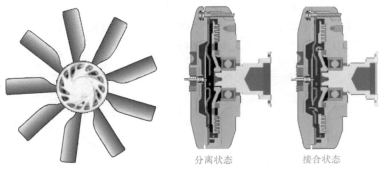

图6-8　硅油式风扇

（2）节温器（图6-9）

节温器是散热器冷却液流量的控制部分，其作用是根据发动机冷却液的温度自动控制流经散热器的冷却液流量。目前，大多数柴油发动机采用蜡式节温器，安装于在冷却液循环的通路中，一般装在气缸盖的出水口，控制冷却液通往散热器的流量。改变冷却液的循环路线及流量，自动调节冷却强度，使冷却液温度经常保持在正常工作范围。

蜡式节温器的工作原理，如图6-10所示。

图6-9　节温器

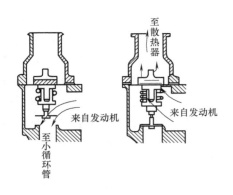

图6-10　蜡式节温器的工作原理

1）当冷却液温度低于349K（76℃）时，主阀门完全关闭，旁通阀完全开启，由气缸盖出来的水经旁通管直接进入水泵，柴油发动机处于小循环工作状态。由于水只是在水泵和水套之间流动，不经过散热器，且流量小，所以冷却强度弱。

2）当冷却液温度在349～359K（76～86℃）之间时，柴油发动机处于大、小循环共同工作状态。当发动机冷却液温达349K（76℃）左右时，石蜡逐渐变成液态，体积随之增大，迫使橡胶管收缩，从而对中心杆下部锥面产生向上的推力。由于杆的上端固定，故中心杆对橡胶管及感应体产生向下的反推力，克服弹簧张力使主阀门逐渐打开，旁通阀开度逐渐减小。

3）当发动机内冷却液温升高到359K（86℃），柴油发动机处于大循环工作状态，主阀门完全开启，旁通阀完全关闭，冷却液全部流经散热器。由于此时冷却液流动经过的路线长，流量大，冷却强度强。

（3）散热器盖（图6-11）　散热器盖的工作原理：当散热器内温度升高产生水蒸气，使压力升高到一定数值时，蒸汽阀打开，水蒸气从蒸汽排出管排出（冷却液沸点提高）。而相反当散热器内因冷却液冷却温度下降而产生一定的真空度时（一般为0.01～0.02MPa），空气阀被吸开，空气从蒸汽排出管进入散热器内。

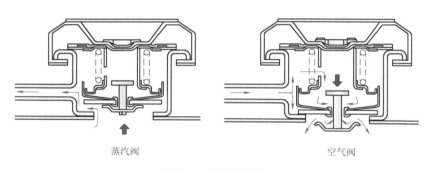

蒸汽阀　　　　　　　　　　　空气阀

图6-11　散热器盖

（4）补偿水桶（图6-12）　目前大多数发动机都采用了防冻液作为冷却液。防冻液冰点很低，可避免冬季使用过程中因普通水冻结成冰而导致散热器、缸体和缸盖被胀裂的现象；防冻液的沸点也要比水高，更有利于发动机的正常工作。为防止防冻液的损失，冷却系设置了补偿水桶，对散热器内的防冻液起到自动补偿的作用。补偿水桶的工作原理：补偿水桶设置于散热器一侧，由塑料制成并用软管与散热器加冷却液口上的溢流管连接。当冷却液受热膨胀至散热器盖的蒸汽阀打开时，部分冷却液随着高压蒸气通过水管进入补偿水桶；而当温度降低、散热器内产生真空时，补偿水桶内的冷却液及时回流散热器。在补偿水桶的外表面刻有两条标记线："低"线和"高"线。加冷却液时，应该让液面在"低"线和"高"线之间。

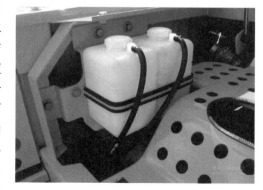

图6-12　补偿水桶

（5）散热器（图6-13）　散热器的功用增大散热面积，加速水的冷却。散热器是一个热交换器。散热器分类：按散热器中冷却液流动的方向，可分为纵流式和横流式两种。纵流式散热器芯竖直布置，冷却液自上而下地流过散热器芯。横流式散热器芯横向布置，冷却液经散热器芯横向流过散热器。大多数发动机采用横流式散热器，这可以使发动机罩的外轮廓降低，有利于改善车身前端的空气动力性。散热器的结构与工作原理如下。

1）散热器由上水室、下水室、散热器芯等组成。

2）散热器上水室顶部有加水口，冷却液由此注入整个冷却系统，同时用散热器盖盖住。

3）在上水室和下水室分别装有进水管和出水管，进水管和出水管分别用橡胶软管与气缸盖的出水管和水泵的进水管相连，这样不仅便于安装，而且当发动机和散热器之间产生少量位移时不会有冷却液漏出。

4）在散热器下方一般装有减振垫，防止散热器受振动而损坏。

5）在散热器下水室的出水管上还有放水开关，必要时可将散热器内的冷却液放掉。

6）散热器芯：散热器芯由许多冷却管和散热片组成，对于散热器芯应该有尽可能大的散热面积，采用散热片是为了增加散热器芯的散热面积。散热器芯的构造形式多样，常用的有管片式和管带式两种。管片式散热器芯（图6-14）结构特点为：冷却管的断面大多为扁圆形，它连通上、下水室，是冷却液的通道，和圆形断面的冷却管相比，不但散热面积大，而且万一管内的冷却液结冰膨胀，扁管可以借其横断面变形避免破裂。采用散热片不但可以增加散热面积，还可增大散热器的刚度和强度。这种散热器芯强度和刚度均较好，耐高压，但制造工艺较复杂，成本高。管带式散热器芯（图6-15）结构特点：采用冷却管和散热带沿纵向间隔排列的方式，散热带上的小孔是为了破坏空气流在散热带上形成的附着层，使散热能力提高。这种散热器芯散热能力强，制造工艺简单，制造成本低，但结构刚度不如管片式大。

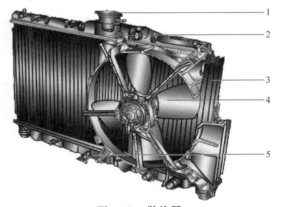

图6-13　散热器
1—散热器盖　2—上水室　3—散热器芯
4—风扇　5—下水室

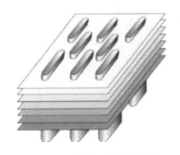

图6-14　管片式散热器芯

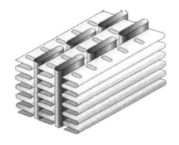

图6-15　管带式散热器芯

（6）散热器百叶窗（图6-16）　散热器百叶窗作用是通过改变吹过散热器的空气流量来调节发动机的冷却强度，以保证发动机在适当的温度范围内工作。散热器百叶窗的工作原理：百叶窗可由驾驶员通过驾驶室内的手柄来操纵其开闭，也可用感温器自动控制。控制系统中的感温器安装在散热器进水管上，当发动机达到正常工作温度后，感温器打开空气阀，使压缩空气进入空气缸，并推动空气缸内的活塞连同调整杆一起下移，带动杠杆使百叶窗开启。

（7）水泵　水泵的作用是对冷却液加压，保证其在冷却系中循环流动。离心式水泵其基本结构，如图 6-17 所示，由水泵壳体、轴、叶轮及进、出水管等组成。水泵壳体为铸铁或铸铝。叶轮由铸铁或塑料制成，叶轮上通常有 6 或 8 个径向直叶片或后弯叶片。进、出水管与水泵壳体铸成一体。水泵的工作原理为：水泵叶轮旋转时，冷却液被甩向水泵壳体的边缘，产生一定的压力，然后从出水管流出。在叶轮的中心处，由于冷却液被甩出而压力下降。冷却液在压差作用下，经进水管流入叶轮中心。这种离心式水泵优点为：结构简单、尺寸小、排量大、工作可靠。

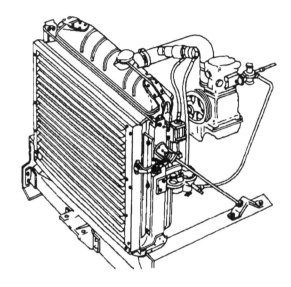

图 6-16　散热器百叶窗

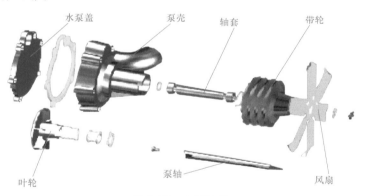

图 6-17　水泵结构

1.3　柴油发动机冷却系统外观检查施工

1. 柴油发动机冷却系统外观检查施工准备

（1）工具与设备准备

1）常用工具 1 套。

2）尖嘴钳 1 把。

3）卡环钳 1 套。

4）螺钉旋具 1 套。

5）活动扳手 1 把。

6）呆扳手 1 套。

（2）理论知识准备

1）冷却系统的作用有哪些？

_____

_____

_____

_____

_____

2）冷却系统的循环形式有哪些？

_____

_____

_____

_____

_____

3）冷却系统由哪些零件组成？

_____

_____

_____

_____

_____

2. 柴油发动机冷却系统外观检查施工

（1）冷却系统拆卸

1）拆水泵。

2）拆散热器。

3）拆冷却风扇。

4）拆节温器。

5）拆补偿散热器。

6）观察发动机机体和气缸盖中的水套。

（2）冷却系统安装

1）安装气缸体侧面水套室盖和垫。

2）安装硅油风扇离合器。

3）安装水泵。

4）将完好的水泵总成及垫装于机体水套处。

5）将螺栓蘸润滑油后拧入螺纹孔中，并拧紧。

6）注意不要漏装发电机调整支架。

7）装气泵带，两根风扇带。

8）装上风扇及硅油离合器。

9）装放水阀及手柄。

10）安装冷却液温度感应塞，气缸盖进水管，节温器和水泵的连接管。

11）装油压感应塞和油压报警感应器。

1.4 任务的评估与检查

柴油发动机冷却系统外观检查施工评估与检查，见表6-1。

表6-1 柴油发动机冷却系统外观检查施工评估与检查

专业班级		学号		姓名		
考核项目	柴油发动机冷却系统外观检查					
考核项目	评分标准	教师评判			分值	评分
劳动态度（10%）	是否按照作业规范要求实施	是 □		否 □	10分	
现场管理（30%）	工作服装是否合乎规范	是 □		否 □	5分	
	有无设备事故	无 □		有 □	10分	
	有无人身安全事故	无 □		有 □	10分	
	是否保持环境清洁	是 □		否 □	5分	
实践操作（50%）	工、量具和物品是否备齐	充分□		有缺漏□	10分	
	检测内容及操作	检测操作	正确□	有错漏□	10分	
			熟练□	生疏□	10分	
		检测数据记录及分析判断			20分	
工作效率（10%）	作业时间是否超时	否□		是□	10分	
合计						

任务工单2　柴油发动机冷却系统检修

2.1　工作中常见问题

1）柴油发动机冷却液的种类、性能有哪些？

2）康明斯发动机的冷却液的特点有哪些？

3）通过故障案例掌握常见柴油机冷却系统故障的排除方法。

2.2　相关知识

1. 柴油发动机冷却液的种类和性能

柴油机冷却液包括冷却水和防冻液。

（1）冷却水　汽车发动机中使用的冷却水应是清洁的软水，如雨水，处理过的自来水等；而井水、河水等硬水中含有矿物质，在高温下易生成水垢，不能作为发动机冷却水。其特点是简单方便；缺点是水沸点较低，易蒸发，易结冰，需经常添加。

（2）防冻液　为防止在冬季寒冷地区，因冷却水结冰而发生散热器、气缸体、气缸盖变形或胀裂的现象，在冷却水中加入一定量的防冻液以达到降低冰点、提高沸点的目的。其优点是提高冷却液的防冻能力和耐高温的能力。

（3）柴油发动机冷却液为冷却水（软水）加防冻液　柴油发动机冷却液不宜添加含矿物质的水（河水、井水等），要求添加雨水、雪水或离子交换水。

2. 柴油发动机冷却选用注意事项

1）密度越大越好　密度是衡量发动机冷却液防冻能力优劣的一个很好的标准。发动机冷却液的密度应该大于纯净水的密度。冷却液的密度越大，它的防冻能力也就越强。

2）冰点越低越好　防冻液的基本指标是冰点与沸点。在秋冬时节应选择使用低冰点的防冻液。冰点越低，防冻液的抗冻性能越强。通常情况下，所选用的防冻液的冰点一般应低于当地最低气温10℃以上，以备天气突变。

3）应重视防腐功能　目前市面上防冻液种类众多，质量难免参差不齐，一般小厂生产的防冻液则只对防冻液的冰点测定后即投放市场，这些没有经过正规检验的产品往往具有较强的腐蚀性，对柴油发动机的冷却系统造成损害，有些防冻液还会造成散热器腐蚀穿孔。

3. 柴油发动机防冻液的使用注意事项

除了选好防冻液，在防冻液的使用过程中，还需要注意以下几个方面。

1）尽量使用同一品牌的防冻液。不同品牌的防冻液其生产配方会有所差异，如果混合使用，多种添加剂之间很可能会发生化学反应，造成添加剂失效。

2）防冻液的有效期多为两年（个别产品会长一些），添加时应确认该产品在有效期之内。

3）必须定期更换防冻液，一般为两年或每行驶 4×10^4 km 更换一次防冻液，出租车的更换周期应该更短一些。防锈防冻液更换周期为两年。

4）更换时应放净旧液，将冷却系统清洗干净后，再换上新液。

5）避免兑水使用。

6）传统的无机型防冻液不可兑水使用，否则会生成沉淀，严重影响防冻液的正常功能。

7）有机型防冻液可以兑水使用，但水不能兑得太多。

4. 冷却系统保养要求与注意事项

1）发动机必须加满冷却液，发动机冷却液管路必须完全充满冷却液。在运行中，空气与冷却液混合，将导致穴蚀和热交换降低，空气含量高的冷却液可能会引起气缸盖和气缸体局部过热。并引起气缸盖破裂、气缸划伤、或者气缸盖密封垫破裂。

2）在添加冷却液时，必须将空气从发动机的冷却液中排出。

3）如果使用水会引起锈蚀，即使只是很短的一段时间，都会由于锈蚀而导致冷却液的泄漏。最终会导致活塞和气缸套的严重损坏。

4）经常检查冷却液液面。

5）避免在冷却液低于 60℃ 或高于 100℃ 情况下连续运转发动机。

6）环境温度低于 0℃ 时，每行驶 16000km 应检查防锈防冻液浓度。

5. 日常维护项目

1）冷却液液位检查：注意观察补偿水桶"FULL（高水位标志）"和"LOW（低水位标志）"位置；冷却液不足应加注冷却液达"FULL"标志。

2）检查系统中是否有冷却液泄漏。

6. 定期维护项目

1）水泵带的检查与调整。

2）检查水泵带是否有裂纹、割伤、变形、磨损和脏污，如不能继续使用，应更换。

3）检查水泵带张力，拇指用大约 98N 的力压水泵带，变形量 6～10mm 为正常张力。

4）如果水泵带太紧或太松，可通过移动发电机位置将水泵带调整到正常张紧力。

5）检查所有软管，更换破裂、膨胀或有其他缺陷的软管。

6）定期更换冷却液，一般为两年或每行驶 4×10^4 km。

7. 冷却系统常见故障诊断

（1）冷却液温度过高（发动机过热）

1）故障现象：运转中的发动机，水温表指针经常指在 100℃ 以上或指针长时间处在红区，水温警示灯闪亮，并伴随有冷却液沸腾现象，且发动机易产生突爆或早燃，熄火困难等。严重时散热器伴随有"开锅"现象，故障现象特征如下。

① 水温表指针指示在 373 K（100℃）以上，散热器上半部分会有开锅现象。

② 发动机产生爆燃，不易熄火。

③ 活塞膨胀，发动机熄火后，不易起动。

2）故障原因

① 冷却液液面过低，循环水量不足，或冷却系严重漏水。

② 冷却液中水垢过多，致使冷却效能降低。

③ 冷却液温度表或警告灯指示有误，如感应塞损坏、线路搭铁、脱落或指示表失灵等。

④ 散热器芯管堵塞、漏水、水垢过多或散热器片变形导致冷却效果下降。

⑤ 风扇带松弛或因油污打滑，风扇离合器失效，温控开关、风扇电动机损坏，叶片变形等。

⑥ 水泵泵水量不足，水泵带过松或油污打滑，轴承松旷，水泵轴与叶轮脱转，水泵叶轮、叶片破损，水泵密封面、水封漏水，水泵内有空气等。

⑦ 节温器失效，不能正常开启，致使冷却液大循环工作不良。

⑧ 冷却液套、分水管等积垢过多、堵塞、锈蚀等。

⑨ 混合气过稀或过浓、润滑不良等。

⑩ 压缩比过大、气缸压力过大、突爆或进排气不畅等。

⑪ 使用不合理，如经常超负荷工作等。

3）故障诊断与排除步骤

① 检查冷却液液面高度，其规格、牌号是否符合要求，检查冷却液品质。检查冷却液中锈皮或水垢是否过多等。检查冷却散热器或膨胀散热器的水是否充足，加水或疏通膨胀散热器的通气孔。

② 检查冷却液指示装置。旧车诊断时，将感应器中心电极与发动机机体搭铁，若搭铁后水温表指针摆动，说明水温表良好，感应塞有故障，否则说明水温表有故障。水温表指示值过高时，观察散热器水温是否过热或开锅，如水温正常，即为感应塞或水温表故障，应先更换感应塞；若水温表的指示值还高，则是水温表已坏。

③ 检查风扇带是否过松、叶片有无变形、风扇离合器是否失效等。对电动风扇，应先检查温控开关，若将其短接后风扇立即转动，说明温控开关损坏；若风扇仍然不转，应检查线路熔断器、继电器、电动机等是否损坏。风扇不转时应检查风扇传动带是否过松打滑，若打滑应进行调整。松开电机支架固定螺栓，向外扳动电动机，同时拧紧固定螺栓。风扇传动带松紧度的检查方法：用拇指按压两轮距中点处，带的下沉量为 10 ~ 15 mm 时为宜。

④ 检查散热器是否变形、漏水，并触摸散热器，检查其各部温度是否均匀。如散热器性能下降，多因散热器内部被水垢或泥沙堵塞，或散热片之间被堵塞，应清洗、疏通散热器。若冷却液的沸点温度未提高，发动机冷却后散热器内的真空度未形成，有膨胀散热器的箱内液面无变化，则为散热器盖坏，应修复或更换。

⑤ 触摸散热器及上下通水管，若温度较低，说明节温器大循环阀门未打开，为节温器故障，应拆检节温器。若发动机温度过高，而散热器的温度并不高，或散热器上半部分温度高，下半部分却温度较低时，可能是节温器的阀门没打开或阀门升程太小，应检查更换节温器。

⑥ 检查水泵。先检查水泵带是否过松、轴承是否松旷、水泵是否漏水等，再检测水泵的泵水能力。检查时用手握住发动机顶部至散热器的通水管，然后由怠速加速到某一高速，如感到通水管内的流速随发动机转速的增加而加快，说明水泵工作正常；反之，说明水泵工作不良，应拆检水泵。可将散热器盖打开，操纵油门，突然变化发动机转速，从加水口观察冷却液面有无变化，若无搅动现象，则为水泵工作不正常，应检查排除水泵故障。

⑦ 检查发动机供给系、机械方面、润滑系及使用方面的故障。检查护风罩、百叶窗等能否正常工作。

4）故障分析步骤

① 初步分析：水温的高低取决于发动机本身的温度及冷却系统的工作效率。应该从这两个方面展开检查。

② 发动机本身的温度高、低与混合气浓度和喷油正时有密切关系，可以通过对供油系统和供油系统的检查确定故障点。

③ 冷却系统工作效率与冷却系统各零部件的工作情况密切相关，导致水温过高故障分以下几个方面进行讨论。

a. 冷却液未进行循环：说明水泵工作不良或水道中有堵塞，应重点应检查水泵的叶片、轴部分，水泵的传动部分，包括传动带（链、齿轮等）、气缸体和气缸盖的水套部分。

　　b. 冷却液仅进行小循环：说明节温器出现故障，应重点检查节温器的性能。

　　c. 冷却液进行了大循环，但有"开锅"现象。说明散热器及散热风扇出现故障，重点检查散热器片是否堵塞，风扇是否能开启运转，特别注意硅油风扇和电子扇的控制部分。

　　④ 其他故障：润滑油易变质，与润滑油本身及其润滑油散热器工作效率有关。

　　（2）冷却液温度过低或升温缓慢

　　1）故障现象：运行中的发动机，水温表指针经常指在75℃以下（水温过低），发动机工作时，水温表指针长时间达不到90～100℃正常位置（升温缓慢）。故障现象特征如下。

　　① 暖机后水温表指示值在353K（80℃）以下。

　　② 发动机加速困难。

　　2）故障原因

　　① 冷却液温度过低或升温缓慢的主要原因为节温器工作不良、水温指示装置失效。

　　② 水温表或水温感应器损坏，指示有误。

　　③ 在冬季或寒冷地区行驶时，未关闭百叶窗或未采取车身保温措施。

　　④ 节温器漏装或阀门粘结不能闭合。

　　⑤ 冷车快，怠速调整过低。

　　3）故障诊断与排除步骤

　　① 若环境温度较低，应检查百叶窗是否关闭，是否采取了保温措施。

　　② 检查水温表、传感器及线路是否正常。

　　③ 拆检节温器，若损坏应更换。

　　4）故障分析步骤

　　① 节温器故障。发动机冷车升温时间长，节温器失效后其主阀门常开，冷却液没有小循环，应检查更换节温器。

　　② 冬季保温措施不良，百叶窗、挡风帘关闭不严。

　　③ 水温表或水温感应塞故障。实际水温与指示值有误差时，多为感应塞或水温表故障。

　　④ 更新水温表后无效果，则为水温感应塞故障，应更新感应塞。

　　（3）冷却液消耗过多

　　1）故障现象：发动机有漏水现象，冷却液液面下降过快，需经常添加冷却液。

　　2）故障原因

　　① 散热器损坏，水泵密封不良、管路接头损坏、松动等造成冷却系外部渗漏。

　　② 气缸垫损坏、缸体缸盖水套破裂、气缸盖翘曲、气缸盖螺栓松动等造成冷却系内部渗漏。

　　3）故障诊断与排除步骤

　　① 检查冷却系有无外部渗漏现象。重点检查软管、插头、散热器芯和水泵等部位。

　　② 检查冷却系有无内部渗漏。一般内部渗漏时会伴随有发动机无力、排气管排白烟、散热器有气泡、润滑油液面升高、润滑油呈乳白色等现象，应拆检气缸体、气缸盖和气缸垫。

2.3　柴油发动机冷却系统的检修施工

1. 柴油发动机冷却系统的检修施工准备

（1）工具与设备准备

1）常用工具 1 套。

2）尖嘴钳 1 把。

3）卡环钳 1 套。

4）螺钉旋具 1 套。

5）活动扳手 1 把。

6）呆扳手 1 套。

（2）理论知识准备

1）防冻液的功用有哪些？

_____

_____

_____

_____

_____

_____

_____

_____

_____

2）冷却系统的常见故障有哪些？

_____

_____

_____

_____

_____

_____

_____

_____

_____

_____

_____

_____

2. 柴油发动机冷却系统的检修施工

（1）水泵的检修

1）水泵总成的检查程序是：先进行总成的外部检查，如发现不合格，应拆检修理或更换水泵总成。

2）外部检查合格者，应在试验台上按原厂规定进行规定转速下的压力和流量试验，合格的水泵可继续使用，不合格的应拆检修理或更换，检查内容如下。

① 检查各零件是否开裂、损坏或磨损，必要时更换水泵总成。

② 检查轴承是否损坏、有异常噪声、转动黏滞，必要时更换水泵总成。

③ 检查密封装置是否泄漏，必要时更换水泵总成。

④ 检查是否漏水，如果密封装置有缺陷，则应更换密封装置总成。

（2）散热器的检修

散热器的主要维修内容是：清堵、焊漏和整形，以及水冷却的密封检查。

1）清堵包括散热器外部堵塞的清理和散热器内部堵塞的清理。

2）焊漏包括散热器渗漏的检查和焊接修理。

3）散热器的整形。

（3）节温器的检修

1）节温器的检查方法：用温度可调式恒温加热设备检查节温器主阀门的开启温度、全开温度及升程，其中有一项不符合规定值，则应更换节温器。蜡式节温器的检查，如图6-18所示，将节温器浸没在水容器中。搅动提高水温并检查节温器开启阀温度和阀全开启（阀提升8.5mm）时温度是否在标准值：开启阀温度76℃；全开启温度86℃。注意测量全闭时的阀高度。通过测量全开启时的高度计算升程。

2）节温器的检修步骤

① 检查阀在室温时是否紧密关闭。

② 检查是否有缺陷或损坏。

③ 检查阀上是否有锈。如有锈迹，应除去锈迹。

（4）风扇离合器检修

1）检查确保风扇离合器中的液体在壳体连接和密封处不泄漏。如果由于泄漏液量减少，则风扇转速会下降，可能导致发动机过热。

2）当用手转动固定在发动机上的风扇时应感到有些阻力。如果风扇转动很轻，则表明其有缺陷。

3）如果是节温器控制型，则检查双金属板是否破裂。

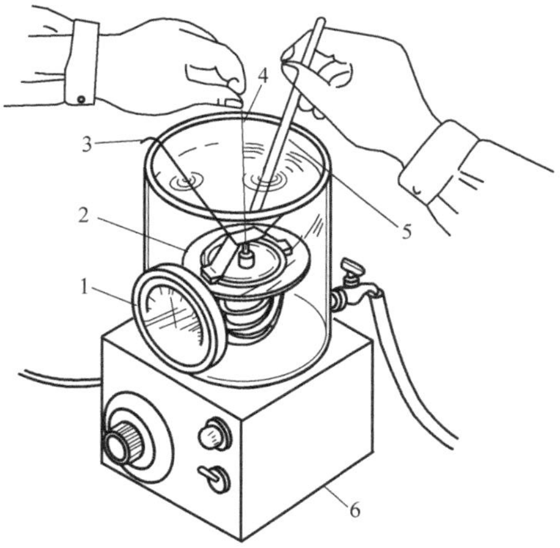

（5）散热器盖蒸气阀密封性的检查　将散热器盖旋装在测试器上，如图6-19所示，用手推测试器，直至蒸气阀打开为止。蒸气阀应在压力0.026～0.037MPa时打开，若压力低于0.026MPa时打开，应更换散热器盖。

图 6-18　蜡式节温器的检查

1—玻璃容器　2—节温器　3—铁挂钩
4—线绳　5—温度计　6—加热器

（6）综合诊断发动机过热

1）现象：运行中的发动机，在百叶窗完全打开的情况下，水温表指针经常指在100℃以上，且散热器伴随有"开锅"现象。

2）主要原因有两个方面：首先是冷却系的散热能力下降，其次是发动机产生的热量增加。

① 冷却系本身的原因有：冷却系中冷却液量不足；冷却液循环不佳，可能的故障部位为风扇带、水管、节温器、水泵、散热器（积垢）；散热器冷却风量不足，可能的故障部位为百叶窗、散热器（迎风面堵塞）、风扇带、冷却风扇、风扇离合器、风扇控制系统。

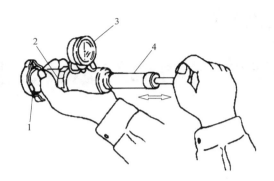

图6-19　散热器盖蒸气阀密封性的检查
1—散热器盖　2—接头　3—压力表　4—测试器

② 其他系统的原因有：供油时间太晚、混合气太稀或太浓、气缸压缩比过大、气缸垫烧穿使高温气体进入冷却系、天气炎热爬越长坡、长时间用低速挡行驶、冷却液温度指示系统故障。

2.4　任务的评估与检查

柴油发动机冷却系统检修施工评估与检查，见表6-2。

表6-2　柴油发动机冷却系统检修施工评估与检查

专业班级		学号		姓名	
考核项目		柴油发动机冷却系统检修			
考核项目	评分标准	教师评判		分值	评分
劳动态度（10%）	是否按照作业规范要求实施	是□	否□	10分	
现场管理（30%）	工作服装是否合乎规范	是□	否□	5分	
	有无设备事故	无□	有□	10分	
	有无人身安全事故	无□	有□	10分	
	是否保持环境清洁	是□	否□	5分	
实践操作（50%）	工、量具和物品是否备齐	充分□	有缺漏□	10分	
	检测内容及操作 检测操作	正确□	有错漏□	10分	
		熟练□	生疏□	10分	
	检测内容及操作 检测数据记录及分析判断			20分	
工作效率（10%）	作业时间是否超时	否□	是□	10分	
合计					

项目七

柴油发动机的总装、调整与磨合

任务工单1　柴油发动机零部件清洗和归类

1.1　工作中常见问题

1）柴油发动机零件清洗包括有哪些？

2）柴油发动机零件清洗的特点是什么？

3）柴油发动机零件清洗方法有哪些？

1.2　相关知识

1. 柴油发动机零件的清洗方式

1）清洗油污。

2）清除积炭。

3）清除铁锈。

4）清除水垢。

5）清除密封垫残留物。

6）选用适当溶剂。

7）高压空气吹干。

2. 柴油发动机零件的分类摆放

1）摇臂组件、连杆组件、连杆瓦、主轴瓦等零件要先作标记的。

2）同一系统的零件放在一起。

3）各种管路不得弯折。

4）精密的零件，如活塞、喷油器、轴瓦、气缸盖等不要直接放在地上，应放在容器或专门的支架上。

5）曲轴严防磕碰、擦伤。

6）注意防锈、防尘保护

3. 零件清洗的技术

（1）清洗油污

1）采用金属清洗剂。

2）采用汽油、柴油、煤油清洗。

3）采用 80～90℃的碱或碱性盐清洗。

4）采用清除钢铁类零件油污的溶液配方（见表7-1），配置溶液进行处理。

5）或采用清除有色金属类零件油污的溶液配方（见表7-2），配置溶液进行处理。

表 7-1　清除钢铁类零件油污的溶液配方　　　　　　　　（单位：g）

	苛性钠	碳酸钠	磷酸三钠	硅酸钠	液态肥皂	水
A	7.5	50	10	—	1.5	1000
B	20	—	50	30	—	1000

表 7-2　清除有色金属类零件油污的溶液配方　　　　　　　　（单位：g）

	碳酸钠	硅酸钠	重铬酸	水
A	10	—	0.5	1000
B	4	1.5	—	1000

（2）清除积炭

1）采用刮刀、铲刀、金属丝刷等清除零件的积炭。

2）采用 80～90℃的退炭剂清洗浸泡 2～3h，待积炭溶解或软化后用刷子将积炭清除。

3）采用钢铁类零件用退炭剂配方（见表7-3）配置溶液进行处理。

4）或采用铝合金类零件用退炭剂配方（见表7-4）配置溶液进行处理。

表 7-3　钢铁类零件用退炭剂配方　　　　　　　　（单位：g）

	苛性钠	碳酸钠	硅酸钠	肥皂	重铬酸	水
A	25	33	1.5	8.5	—	1000
B	100	—	—	—	5	1000

表 7-4　铝合金类零件用退炭剂配方　　　　　　　　（单位：g）

	碳酸钠	硅酸钠	肥皂	重铬酸	水
A	18.5	18.5	10	—	1000
B	20	8	10	5	1000
C	10	—	10	5	1000

（3）清除铁锈

1）采用刮刀、铲刀、钢丝刷、砂布等清除零件上的铁锈。

2）不可损伤零件加工面。

（4）清除水垢

1）清洗剂的配制：每 10L 水内加入 750g 苛性纳和 150g 煤油配制而成。

2）清洗步骤

① 加入清洗剂。

② 柴油发动机中速运转 5～10min，加热清洗剂。

③ 停机 10～12h 后再起动柴油发动机，以中速运转 10～15min。

④ 放出清洗剂。

⑤ 注入清水，并以中速运转数分钟后放掉。

⑥ 水垢多可重复上述过程 2~3 次。

1.3　柴油发动机零部件清洗和归类施工

1. 柴油发动机零部件清洗和归类施工准备

1）清洗剂 1 瓶。

2）洗涤剂 1 瓶。

3）洗衣粉 1 包。

4）香皂 1 个。

5）清洁球 1 个。

6）钢丝刷 1 个。

7）毛巾 1 条。

8）桶 1 个。

2. 零件清洗和归类施工

（1）零件清洗顺序

1）曲轴带轮及扭振减振器的清洗。

2）摇臂轴总成的清洗。

3）气缸盖的清洗。

4）挺杆导向体和挺杆的清洗。

5）油底壳的清洗。

6）正时齿轮盖的清洗。

7）润滑油泵的清洗。

8）凸轮轴的清洗。

9）飞轮壳及飞轮的清洗。

10）活塞连杆组的清洗。

11）曲轴的清洗。

12）气缸体的清洗。

13）其他附件的清洗。

（2）柴油发动机零件的分类摆放

1）曲轴带轮及扭振减振器的摆放。

2）摇臂轴总成的摆放。

3）气缸盖的摆放。

4）挺杆导向体和挺杆的摆放。

5）油底壳的摆放。

6）正时齿轮盖的摆放。

7）润滑油泵的摆放。

8）凸轮轴的摆放。

9）飞轮壳与飞轮的摆放。

10）活塞连杆组的摆放。

11）曲轴的摆放。

12）气缸体的摆放。

13）其他附件的摆放。

（3）注意事项

1）清洗过程中不能碰伤零部件。

2）橡胶件不宜浸泡在油中。

3）起动机、充电发电机不能用水冲刷其外表的灰尘和油污。

4）柱塞偶件、出油阀偶件和喷油器偶件必须用干净的柴油清洗。

1.4 任务的评估与检查

零部件清洗和归类施工评估与检查，见表7-5。

表7-5 零部件清洗和归类施工评估与检查

专业班级		学号		姓名	
考核项目	零部件清洗和归类				
考核项目	评分标准	教师评判		分值	评分
劳动态度（10%）	是否按照作业规范要求实施	是□	否□	10分	
现场管理（30%）	工作服装是否合乎规范	是□	否□	5分	
	有无设备事故	无□	有□	10分	
	有无人身安全事故	无□	有□	10分	
	是否保持环境清洁	是□	否□	5分	
实践操作（50%）	工、量具和物品是否备齐	充分□	有缺漏□	10分	
	检测内容及操作 检测操作	正确□	有错漏□	10分	
		熟练□	生疏□	10分	
	检测数据记录及分析判断			20分	
工作效率（10%）	作业时间是否超时	否□	是□	10分	
合计					

任务工单2 柴油发动机总成装配、调试和磨合工艺

2.1 工作中常见问题

1）柴油发动机总装包括有哪些？

2）柴油发动机总装的注意事项有哪些？

3）柴油发动机调试内容有哪些？

2.2 相关知识

1. 柴油发动机总成装配、调试和磨合的重要性

国家规定的发动机大修技术标准中规定：承修单位对大修竣工的发动机应给予质量保证。质量保证期自出厂之日起，不少于3个月或行驶里程不少于10000km。在送修单位严格执行走合期的规定，合理使用、正常保养的情况下，质量保证期内的修理质量问题，承修单位应负责保修。因此，发动机大修后的装配与调试显得尤为重要。

发动机装配在整个发动机修理过程中是一项重要工作，它是把组成发动机总成的零件和部件连接在一起的过程。修理时的总成装配与发动机制造时不同，因为修理过程中进入总成装配的零件有三类：具有允许磨损量的旧零件、经修复合格的零件和更换的新零件。这三类零件中，通常前两类零件尺寸公差要比第三类新零件尺寸公差要大。为使配合副的配合特性达到装配技术条件的要求，在组装时必须按装配技术条件的要求对配合件进行选配，包括按尺寸进行选配和按质量进行选配（如活塞和缸筒的选配；曲轴轴承和曲轴轴颈的选配等）。维修中，发动机装配质量的好坏直接影响修复后的发动机性能。按装配技术要求完成装配后的发动机还需经过磨合、调试和竣工验收，这样才能保证为汽车提供高质量符合技术标准要求的发动机。发动机总装后还要进行相关试验，以确定动力、燃油经济性和排放特性等是否能满足技术性能要求。

为此，必须掌握发动机装配的一般工艺过程与调整，理解发动机磨合意义与方法；掌握发动机磨合试验的方法与基本要求。了解发动机大修后的技术标准与验收要求，了解发动机修复的装配要领与调整内容。

2. 柴油发动机总成装配

（1）柴油发动机总成装配注意事项

1）装配前，所有零部件和总成均应经过检验或试验，确保质量。

2）装配前，所有零部件、总成、润滑油路以及工具、工作台等应彻底清洗，并用压缩空气吹干。

3）装配前，检查全部螺栓螺母，不符合要求的应予以更换。气缸垫、衬垫、开口销、锁片、垫圈等在大修时应全部更换。

4）不可互换的零件，如各气缸活塞连杆组、轴承盖、气门等，应按相应位置和方向装配，不得装错。

5）各配合件的配合应符合技术要求，如气缸活塞间隙、轴瓦颈间隙、曲轴轴向间隙、气门间隙等。

6）主要部件间的正时关系应正确，如配气相位、供油提前角、喷油时刻等。

7）发动机上重要螺栓螺母，如气缸盖螺母、连杆螺栓、飞轮螺栓等，必须按规定扭矩依次拧紧，必要时还应加以锁定。

8）各相对运动的配合表面，装配时应涂上清洁的润滑油。

9）保证各密封部位的严密性，无漏油、漏水、漏气现象。

10）在装配过程中、应尽量使用专用工具，以防零件受损。在装配过盈配合组件时

（如活塞销和连杆活塞的配合）则应使用专用压力夹具。

11）"塑性变形扭力螺栓"就是把螺栓按规定的初扭矩拧紧。拧紧之后，将螺栓相对联接再扭转一个规定的角度，使螺栓产生一个规定的变形，并且螺栓应具有一定的顶应力起到自锁防松的目的。

（2）柴油发动机的总装计划

1）气缸体的安装。

2）曲轴的安装。

3）活塞连杆组的安装。

4）飞轮壳与飞轮的安装。

5）凸轮轴的安装。

6）润滑油泵的安装。

7）正时齿轮盖的安装。

8）油底壳的安装。

9）挺杆导向体和挺杆的安装。

10）缸盖的安装。

11）摇臂轴总成的安装。

12）曲轴带轮及扭振减振器的安装。

13）其他附件的安装。

（3）柴油发动机总成装配基本要求

1）复检零部件、辅助总成，性能试验合格。

2）易损零件、紧固锁止全部更换。

3）严格保持零部件、润滑油道清洁。

4）做好预润滑工作。

5）不允许互换配合位置的零件应严格按照标记装配。

6）尽量使用专用器具装配。

7）装配间隙必须符合技术要求。

8）电控系统的插头、线柱，要求清洁且接触可靠。

（4）柴油发动机总成装配顺序

1）安装曲轴与轴承。

2）安装活塞连杆组。

3）安装中间轴。

4）安装气缸盖及配气机构。

5）安装同步带、供油泵和润滑油泵。

6）安装其他附件。

7）发动机总成装车。

（5）柴油发动机装配过程中的检验方法和技术要求

1）装配场地必须清洗至无灰尘。

2）边清洗边组装或安装。

3）必须按装配顺序进行，即，气缸体→主轴瓦曲轴→活塞连杆组→飞轮组→正时齿轮→润滑油泵→正室齿轮盖→油底壳→挺杆→气缸盖→推杆摇臂轴总成等→曲轴带轮→附件。

4）各结合面处都要装密封纸垫或胶垫，防止漏油漏气。

5）各联接螺栓要按原长度选用，不能过长，也不能过短，并按规定扭矩拧紧。

6）各联接螺栓（母）要可靠锁紧（弹簧垫、锁片等）防止松脱。

7）必须备有清洁的润滑脂、润滑油，各相对运动表面必须进行加油润滑。

8）配备有密封胶和冲洗气压枪。

9）严禁使用抹布，以防堵塞润滑油泵集滤网和油道。

（6）柴油发动机总成的装车　将发动机总成装到车上，并连接好各管路及线路。具体操作可按与拆卸相反的顺序进行，并注意以下问题。

1）注意不要碰伤变速器输入轴。

2）发动机橡胶支承块的自锁螺母应换用新件。

3）将发动机装入支架座上，旋紧紧固螺栓。

4）调好离合器踏板自由行程及节气门、阻风门拉索，安好排气管。

5）连接起动机接线时，发动机不得碰到导线。

6）合理加注冷却液。

3. 柴油发动机总成修理竣工条件和技术要求

（1）柴油发动机总成修理竣工的一般技术要求

1）装备齐全、按规定完成发动机的磨合，无漏油、漏水、漏气、漏电现象。

2）加注的润滑油量和润滑油牌号以及润滑脂型号应该符合原厂规定。

3）发动机无异响，发动机急加速时无突爆声，进气系统不回火、消声器无放炮声，工作中无异响现象。

4）润滑油压力和冷却液温度正常。

5）发动机气缸的压力应符合原厂规定，各气缸压力差平均，汽油发动机应不超过15%，柴油发动机则不超过10%。

6）四冲程汽油发动机的转速在 $500 \sim 600 \mathrm{r/min}$ 时，以海平面为准，进气歧管真空度在 $57.2 \sim 70.5 \mathrm{kPa}$ 范围内。其波动范围，六缸发动机不超过 $3.5 \mathrm{kPa}$，四缸发动机则不超过 $5 \mathrm{kPa}$。

（2）柴油发动机总成修理竣工的主要使用性能要求

1）发动机在正常工作温度下，5s 时间内能起动。柴油机在 5℃ 环境下，汽油机在 -5℃ 环境下，发动机能顺利起动。

2）配气相位误差不大于 2°3′。

3）加速灵敏，速度过渡圆滑，怠速稳定，各工况工作平稳。

4）最大功率和最大转矩不低于原厂规定的 90%。

5）最低燃料消耗率不得高于原厂的规定。

6）发动机排放限值符合 GB 7258—2012《机动车运行安全技术条件》之规定。

7）发动机电控系统的设置应正确无误，自检警告灯应显系统正常，或通过系统自诊断功能读取的故障码应为正常。

4. 发动机的调试

（1）发动机试验项目　发动机试验项目有：最高空转转速、怠速稳定转速、额定功率、耗油率，即速度特性和负荷特性试验。

（2）发动机试验分类

1）定型与验证试验。

2）可靠性试验。

3）验收试验。

4）出厂试验。

5）抽查试验。

（3）发动机试验设备

1）水力测功机。水力测功机试利用水力做功与发动机做功匹配平衡，进行测量发动机功率的设备。水力测功机体积较大，由于发动机试验时会产生较大的振动和旋转力矩，所以使用的试验台采用坚固、防振混凝土做基础，其上固定有安装发动机用的铸铁底座和前、后支架。为保证发动机能迅速拆装和对中，前、后支架在底座上的位置和高度均可调。发动机曲轴与测功机转子轴用联轴器联接。通过测功机和转速表所测读数可以计算补测发动机的功率，燃油由专用燃油箱提供，油耗量通过油量测量装置测量。

2）电涡流测功器。电涡流测功器具有结构简单、控制方便、转速范围和功率范围宽等特点，因此应用广泛。但这种测功器只吸收发动机的功率，使其全部转化为热能而不能发出电力。电涡流测功器所消耗的励磁功率很小，只需变动最大不过数安培的励磁电流就能自由控制吸收的转矩。这样就可以顺利完成控制自动化，有利于实验运行。

3）油耗测量装置。油耗测量装置，又称油耗仪，它由燃油箱量瓶（或量杯）、二通阀、滤清器等组成。

（4）发动机试验的一般条件

1）所用燃油及润滑油符合制造厂的规定。

2）测试仪器的精度及测量部位应符合规定要求。

3）试验前发动机应按规定的磨合规范进行磨合。

4）发动机冷却液出液温度为（80 ± 5）℃，润滑油温度为（85 ± 5）℃，柴油温度为（40 ± 5）℃。

5）排气背压按制造厂规定或低于 3.5kPa。

6）所有数据要在工况稳定后测量转速、转矩及排气燃料消耗量三者应者应同时测量。

（5）气缸密封性的诊断

1）气缸压力的检测。

2）曲轴箱窜气量的检测。

3）气缸漏气量的检测。

4）气缸漏气率的检测。

5）进气管真空度的检测。

（6）发动机主要性能的试验方法

1）速度特性试验。

2）负荷特性试验。

3）转速的测量。

发动机试验时用转速表来测量转速。转速表按结构和工作原理不同可分为电子式、机械式和电气式三种，发动机试验时测量转速的目的不同，因此对转速表的测量准确度要求也不同。对于参与计算的转速，要求有较高的准确度，而对于供监控用的转速则可用较低准确度的转速表。各种结构的转速表如下所示。

① 电子数字式转速表。电子转速表有固定式及手持式两种，固定式电子转速表由传感器及指示仪两部分组成。传感器为脉冲发生器（可以是磁感应式或光电式）。如磁感应式脉冲发生器由一个齿盘及一个电磁捡拾器组成。齿盘是固定在测功机主轴上带有 60 个齿的盘（齿轮）。电磁捡拾器靠近齿盘固定，当发动机拖带测功机主轴每旋转一周，捡拾器内的线圈就发生 60 次感应电脉冲，然后由脉冲折算成转速，这种转速表的准确度为 ±1r/min。

② 手持式电子转速表分为接触式和非接触式两种。接触式用橡皮轴头和发动机轴端接触，表内装有光电传感器；非接触式须在使用前预先在旋转轴或盘上粘贴白色纸条，仪器前端装有照射灯光和感受反光的光电管。轴每旋转一次给光电管一个脉冲信号，累计运算成转速。电子式转速表由于测量准确，且有转速信号输出，易于实现自动控制等优点，近年来已被广泛采用。

③ 机械式转速表。手持机械式转速表是利用重块的离心力与转速的平方成正比的原理制成。由于其使用方便，价格低廉，测量范围较广，在发动机试验时仍有应用但其测量准确度较低。

④ 电气式转速表。主要有发电机式和脉冲式两种，发电机式做成直流或交流发电机结构，利用感应电压与转速成正比的原理进行测量。脉冲式是利用转速与频率成正比的原理，做成一种多级的发电机结构，利用感应电压的频率进行测量。电气式转速表能远距离测量，并起监督报警自动控制作用，在电力及电涡流测功机上常配有转速发电机。

4）气缸压缩压力的测量。气缸压缩压力是指发动机压缩行程终了时气缸内的最大压力。压缩压力的大小，可以表气缸的密封性。密封性与气缸、气缸盖、气缸垫、活塞、活塞环和进、排气门等包围工作介质（混合气）的零件有关。发动机在大修后，磨合中检查气缸压缩压力，主要检查气缸与活塞、活塞环的配合间隙，气缸垫的密封和气缸螺栓的紧固情况，配气机构调整的准确性，气门关闭的严密性等。

气缸压缩压力表结构简单，主要由表头、带连接管的测量头、进气阀、排气阀和排气按钮等组成。测量汽油发动机的测量头是锥形橡皮塞子，测量柴油机的测量头有外螺纹，在测量时，应将其旋入安装喷油器的螺纹孔内。

发动机运转于正常温度后熄火。拆除柴油发动机各缸喷油器，节气门和阻风门置于全开位置。柴油发动机因压缩压力大，使用旋入式压力表，将其旋入喷油器螺纹孔内，用起动机带动发动机运转 3～5s，记录下气缸压力表读数后，按下放气阀，使表头指针重复测量 2～3次，取平均值后分析。

5. 发动机的磨合

（1）发动机磨合的概念　发动机的磨合目的是使各机件适应环境的能力得到调整提升。发动机磨合的优劣会对发动机寿命、安全性和燃油经济性产生重要影响。总成修理的发动机使用的零件有新有旧，零件的技术状况相差较大。修理工艺装备和企业生产技术水平又存在着很大的差异。有些总成修理的发动机在磨合中就出现拉缸、烧瓦等严重故障。因此，总成修理的发动机进行科学的磨合就更为必要。由于磨合期内机件配合间隙较小，油膜质量差，温升大，润滑油易氧化变质。加上较多的金属粒混入润滑油，使润滑油质量下降。同时，机件之间较大的摩擦阻力也使油耗增加。磨合期满应更换润滑油，进行全面调整、紧固，使车辆达到正常行驶状态。

（2）发动机磨合的意义

1）发动机磨合能形成适应工作条件的配合性质。

2）扩大配合表面的实际接触面积。新零件和经过修理的零件，由于表面微观粗糙和各种误差，装配后配合副的实际接触面积仅为设计面积的 1/1000～1/100，配合表面上单位实际接触面积的载荷就会超过设计值的百倍乃至千倍。微观接触面积在高应力、高摩擦热作用下就容易产生塑性变形和粘着磨损，引起咬粘等破坏性故障。因此，使新零件在特定的磨合规范下运动，粗糙表面的微观凸点镶嵌其上并产生微观机械切削现象，使实际接触面积不断扩大，在短期内形成能适应正常工作条件的配合表面。

3）形成适应工作条件的表面粗糙度。每一种工作条件均有其相应的表面粗糙度，零件加工的表面粗糙度与工作条件的要求差距甚大。在磨合中才能形成适应工作条件的表面粗糙度。

4）改善配合性质。由于磨合磨损形成了适应工作条件的实际接触面积和表面粗糙度以及配合间隙，不但显著地提高了零件综合抗磨损性能，也减少了其摩擦阻力与摩擦热，降低故障率，提高了大修后发动机的可靠性与耐久性。

5）改善配合副的润滑效果。磨合使配合间隙增大到适应正常工作条件的配合间隙，改善了润滑油的泵送性能，增大了配合副间润滑油流量，不但改善了配合副的润滑效果，也有利于保持正常的工作温度和配合表面的清洁。

6）提高发动机的可靠性与耐久性。金属在低于或接近疲劳极限情况下，磨合一定的时间，"实现次负荷锻炼"，可以明显提高金属零件的抗磨损能力和抗疲劳破坏能力，从而提高机械的可靠性和耐久性。

7）发动机全部磨合过程由微观几何形状磨合期、宏观几何形状磨合期、适应最大载荷表面准备期三个时期组成。

① 微观几何形状磨合期内（第一时期），微观粗糙表面因微观机械加工作用逐渐展平，表面金属被强化，显微硬度成倍地提高，产生剧烈的磨损，增大配合间隙，形成适应摩擦状态下的工作表面质量。

② 宏观几何形状磨合期内（第二时期），零件表面形位误差部分的得以消除，磨损量逐渐减小，机械损失减弱。

③ 适应最大载荷表面准备期内（第三时期），零件磨损率和发动机动力、燃烧经济性逐渐稳定，故障率降低，可靠性提高。

④ 后两个磨合时期发动机装限速片，在限速限载条件下的运行过程中完成，称为"汽车走合"。第一时期磨合则于出于厂前在台架上完成，称为"发动机磨合"。

（3）磨合试验设备　发动机的冷磨合一般在测功机上进行。测功设备的型号很多，其中 SG11M 型水力测功机，性能稳定，测量精度高，既能测功，又能对发动机进行冷、热磨合，与油耗仪配套使用，还可测定发动机耗油率。该测功机由以下几个部分组成。

1）测功部分。它由制动鼓、量秤机构、测速机构等组成。

2）冷磨合部分。它由电动机、摩擦离合器、变速器和单向离合器组成。

3）发动机支座部分。它由两个平板和四个支架组成，用于支承和固定发动机。

4）附属部分。它由供水系统、供油系统、方向传动装置组成。

（4）磨合规范　发动机磨合分冷磨合与热磨合两个阶段。冷磨合是由外部动力驱动总成或机构的磨合。而发动机自行运转的磨合则称为热磨合。其中发动机自行空运转的磨合则称为无载热磨合；加载自运转磨合称为负载磨合。发动机的磨合质量在材料、结构、装配质量等条件已定的情况下，主要取决于磨合时期的转速、载荷、磨合时间、润滑油品质。因此，由磨合转速、载荷和磨合时间组成了发动机的磨合规范。

1）冷磨合规范

① 冷磨合转速。起始转速 400～500r/min；终止转速 1200～1400r/min。起始转速过低，由于曲轴溅油能力不足、润滑油泵输油压力过低，难以满足配合副很大摩擦阻力和摩擦热对润滑、冷却、清洁能力的需求，极易造成配合副破坏性损伤。由于高摩擦阻力和高摩擦热的限制，起始转速不能过高。

② 发动机磨合的关键是气缸与活塞环、活塞和曲轴与轴承等配合副的磨合，它们的磨合配合面上的载荷主要由活塞连杆组的质量和离心力形成的。据有关资料介绍，在 1200～1400r/min 范围内，单位面积上的载荷最大。超过或低于此转速，载荷反而减小，会影响磨合效果。磨合转速采取了四级调速。因无级调速磨合效率低，在每级转速下，随着表面质量的改善，磨损率逐渐下降至平衡状态。为了提高磨合效率，故采用有级调速。

③ 冷磨合载荷。单靠活塞连杆组所产生的载荷显然不够，磨合效率很低。实践证明，装好气缸盖，堵死火花塞螺孔，借助气缸的压缩压力来增加冷磨载荷是极为有益的。

④ 冷磨合的润滑。现行的润滑方式有自润滑、油浴式润滑和机外润滑。实践证明：机外润滑方式最佳，对提高磨合效率极为有利。所谓机外润滑是指由专门的泵送系统，将专门配制的粘度较低的硫化极性添加剂含量高的专用发动机润滑油；以较大的流量送入发动机进行润滑的润滑方式。不但使摩擦表面松软，加速磨合过程，而且润滑、散热以及清洁能力很强，还可以提高磨合过程的可靠性。

⑤ 磨合时间。各级转速的冷磨合时间约 15min，共 60min。

2）热磨合规范

① 无载热磨合。无载热磨合是为有载热磨合作准备，其磨合原理与冷磨合类似。

② 有载热磨合。磨合时间的确定，多以每级磨合中的转速变化或润滑油温度来判断。当每级负载不变时，随着磨合的时间的延续、零件工作表面质量的改善、摩擦损失的减小，发动机转速会有明显的升高，就表明这一级磨合已达到了磨合要求，就可以转入高一级转速负载梯度的磨合。也可以用润滑油的温度变化评价每级磨合时间，在发动机冷却液温度保持恒定的条件下，摩擦阻力进入稳定阶段后，润滑油温度也从升温转入温度稳定状态，就可以转入更高一级的磨合。

③ 热磨合规范的总磨合时间约 120～150min。

④ 在热磨合过程中，必须进行发动机的检查调整和发动机性能试验，排除故障使发动机符合大修竣工技术条件。并清洗润滑系，更换润滑油和滤清器滤芯，加装限速装置。

2.3　柴油发动机总成装配、调试和磨合施工

1. 制定总装计划与准备

（1）正确选择及使用拆装工具

1）常用工具 1 套。

2）基本拆装工具 1 套。

3）专用工具 1 套。

4）关键部件、隐蔽部件拆装工具 1 套。

（2）发动机的总装计划

1）气缸体的组装。

2）曲轴的装配。

3）活塞连杆组的安装。

4）飞轮壳与飞轮的安装。

5）凸轮轴的安装。

6）润滑油泵的安装。

7）正时齿轮盖的安装。

8）油底壳的安装。

9）挺杆导向体和挺杆的安装。

10）气缸盖的安装。

11）摇臂轴总成的安装。

12）曲轴带轮及扭振减振器的安装。

13）其他附件的安装。

2. 实施柴油发动机总装作业

（1）气缸体的组装

1）气缸体在装配前应对所有油道（孔）、主轴瓦孔、凸轮轴孔、螺纹孔和定位孔用压缩空气吹净不得有任何杂质。

2）将机体底面朝上。

3）卸下主轴瓦盖，按顺序摆放，并配好弹簧垫和螺栓。

（2）曲轴的装配

1）仔细清理曲轴的润滑油道。

2）将原（或已选配好的）上瓦片置于相应顺序的座孔中。

3）将瓦片内表面涂上润滑油。

4）将曲轴轴颈涂上润滑油，并将曲轴抬落在轴瓦孔中，注意曲轴上推垫圈（止推片）对正安装位置，以防损坏。

5）清净主轴瓦盖，装上下瓦片涂润滑油，分别置于相应序号的座孔上，注意轴瓦盖上的小凸台必须朝前，第七道主轴瓦盖装于机体之前在瓦盖左右两端应涂上密封胶。

6）将螺栓涂上润滑油拧入螺栓孔中，主轴瓦螺栓的扭紧应分 2～3 次均匀扭至规定扭矩，从中间一道主轴瓦盖开始向两端固紧，其力矩为第一、二、三、五、六道为 140～160 N·m，第四、七道为 100～120N·m。

7）检查曲轴的轴向间隙。

8）第一主轴瓦的止推垫圈与曲轴轴颈端面之间的间隙为 0.15～0.35mm。

9）其他轴颈端面与主轴瓦盖之间的间隙每边不小于 0.75mm，若不符，要仔细检查各主轴瓦盖是否有装错，装偏现象等。

10）检查曲轴转动的灵活性。即用不大于 10N·m 力矩应匀速转动曲轴，若大于此值时，要卸下轴瓦盖重新检查，是否有的轴瓦间隙过小，或不净等，必要时检查曲轴的不同程度是否大于 0.05mm。

11）安装曲轴后封。若油封外圆为胶质，则装时在外圆上涂以润滑油；为钢质，涂以密封胶，并在唇口均匀涂抹润滑油或润滑脂，然后从曲轴后端套入，再用专用工具采入油封窗座中，不得歪斜。

12）将油封挡片紧固在气缸体上。

13）认真地将第七道主轴瓦盖填料（密封条）打入槽内，要打到底，然后将凸出的填料修整与轴瓦盖平齐。

（3）活塞连杆组的安装

1）将机体侧置，并使配气一侧朝上。

2）转动曲轴使某两缸曲轴轴颈处于最下，将其中一个轴颈涂抹上润滑油，同时相应气缸套内也要涂上润滑油。

3）将相应的活塞连杆组的活塞销处、活塞环、连杆上瓦片涂抹上润滑油，使连杆凸台标记朝向发动机前方装入相应的气缸套内。

4）使活塞环各环口错开 120°，并且要避开活塞销孔和侧压力方向。

5）用活塞环卡子和鲤鱼钳子夹紧活塞环，用木棒（或锤子把）将其推入气缸套内，使瓦片卡（落）到曲轴的轴颈上。

6）将该缸的连杆瓦片涂上润滑油并检查瓦片定位凸台与瓦盖凹槽应完整无损，然后装瓦盖使配对记号在同一侧，穿上螺栓拧上螺母，分 2～3 次均匀将两个螺母扭至 100～120 N·m，摇转曲轴是否灵活，否则应检查排除。

7）用同样的方法将其余活塞连杆组安装完毕，并重新检查一遍连杆螺母是否达到规定扭矩。若用开口销锁紧的螺母，当达到规定扭矩后，连杆螺母的开槽与连杆螺栓孔对不上时，切忌不要采用松或紧螺母的方法来解决，可采用调换螺母或将螺母适当磨削，但一定要磨平。

8）安装后的检查：各连杆大端端面与曲轴轴连杆颈端面之间的间隙为 0.17～0.37mm，用小于等于 60N·m 力矩能匀速转动曲轴。

（4）飞轮壳与飞轮的安装

1）检查飞轮壳定位环是否损坏，损坏后应更换新定位环，以保证飞轮壳与气缸体间的正确安装位置。

2）将螺栓套上弹簧垫蘸上润滑油拧入各螺栓孔中，先将定位环的螺栓扭紧，其余应交叉均匀扭到 80～100N·m；再将定位环的螺栓扭至 80～100N·m。

3）检查飞轮定位销是否完好，否则要进行修整或更换。

4）将螺栓蘸上润滑油并套上锁片拧入螺栓孔中，分 2～3 次按十字交叉方法依次紧固，力矩为 100～120 N·m。

5）将锁片翻边，翻边应紧贴于螺栓六方的平面上。

（5）凸轮轴的安装

1）检查止推突缘与凸轮轴第一道轴颈之间的间隙为 0.08～0.208mm，否则应修整或更换凸缘。

2）若正时齿轮盖定位环拆下，应将定位环压入气缸体前端，必须保证定位环完好。

3）先后将正时齿轮室垫板的密封垫，正时齿轮盖垫板套在缸体前端的定位环上，并用靠近凸轮轴孔侧两个螺栓紧固在气缸体上。

4）将凸轮轴各正轮、支承轴颈，分电器驱动齿轮和凸轮轴衬套涂上润滑油，把凸轮轴装入衬套内。

5）转动曲轴和凸轮轴，使正时齿轮的正时记号与曲轴齿轮的记号重合在两轴中主的连线上。

6）把凸轮轴总成推入缸体衬套孔内。

7）检查凸轮轴安装是否正确，即将曲轴的一、六道连杆轴颈转至上止点时，观察凸轮轴的一、六缸凸轮应该呈上"八"字与下"八"字，如一缸两凸轮呈上"八"字，六缸两凸轮就应该呈下"八"字，否则就应重新安装核对记号，必要时可重新打上记号。

8）校对记号后，用两螺栓将凸轮轴止推突缘固定在气缸体前端面上，扭矩为 20～25N·m。

（6）润滑油泵的安装

1）用定位环把润滑油泵和机体定位，用四个螺栓拧紧。

2）将润滑油管总成及密封垫用螺栓把润滑油泵与机体相连。

3）把润滑油集滤器总成及密封垫装于润滑油泵上。

4）将支架固定在第二轴瓦盖上。

（7）正时齿轮盖的安装

1）将曲轴齿轮挡油盘从曲轴前端套入（注意方向应使盘口朝向齿轮）后，把带轮的半圆键装在曲轴键槽中。

2）检查曲轴前油封，必要时更换，并将油封内孔涂上润滑油。

3）用定位销把垫片、密封垫、正时齿轮室盖依次装在机体前面的定位环，务必使垫片、密封垫、机体、正时齿轮盖底平面平齐之后，扭紧正时齿轮室盖上的两个定位孔的螺栓。

4）将发动机前悬置支架的内表面涂上润滑脂，并套在正时齿轮盖上。

5）用紧固螺栓把发电机支架、正时齿轮室盖、密封垫、垫片等同机体紧固在一起，螺栓应分 2～3 次扭到 80～100N·m。

（8）油底壳的安装

1）涂胶，即在气缸体与正时齿轮室盖垫板接口处，第七道主轴内瓦盖与气缸体结合部位涂上密封胶以防漏油。

2）仔细地放正油底壳密封垫，装上油底壳，放正垫板，注意在垫板接合处（四处）须装上一个平垫，其余只装弹簧垫。

3）从中间开始按左右（上下）轮流依次紧固螺栓，力矩至 10～15N·m，不得超过此力段，以防变形，致使漏油。

4）密封垫不得有间隙，也不得挤出。

（9）挺杆导向体和挺杆的安装

1）将挺杆涂以润滑油放入原挺杆导向体的孔内，根据导向体上的前后记号分别将装有导向体总成用定位环和螺栓安装在气缸体的相应位置上，均匀地紧固，力矩为 70 ～ 80 N·m。

2）检查所有挺杆是否能上下移动和灵活转动。

3）将挺杆室盖板和密封圈用螺栓及螺栓密封圈总成拧紧在机体上。

（10）气缸盖的安装

1）将机体朝上置于台架上，并要牢固可靠。

2）若缸盖定位销已拆掉，应将定位销打入气缸体定位销孔中，不得歪斜，否则应修正。

3）将气缸垫擦净，以定位销定位置于气缸体上，若钢质带卷边的，卷边应朝上。

4）往各气缸壁沿圆周均匀地注入 20g 润滑油。

5）将缸盖吹净以定位销定位抬落置于气缸垫上。

6）把缸盖螺栓螺纹部分蘸上润滑油后拧入各螺栓孔中。

7）从中间向两端均匀地分 2 ～ 3 次紧固，力矩为 100 ～ 120N·m。

8）装进、排气歧管及垫，并将螺栓蘸上润滑油，从中间向两端紧固，力矩为 30 ～ 40 N·m。

（11）摇臂轴总成的安装

1）应将气门调整螺钉退出至最高位置，以免在扭紧摇臂支架螺栓时顶弯推杆。

2）将推杆两端蘸上润滑油后，按原位置装进推杆孔，并要保证落到挺杆的球面窗座内。

3）把气门帽装在涂过润滑油的气门杆端部。

4）将上述摇臂轴总成安装到气缸盖上，由定位环保证其他安装位置。

5）将螺栓螺纹部分涂上润滑油旋入两定位环孔的紧固螺栓，再旋入其余螺栓，M8 的螺栓扭至 20 ～ 30N·m，M10 的螺栓扭至 30 ～ 40N·m。

6）同时检查各摇臂应转动灵活，摇臂两端与摇臂轴支座间轴向间隙应小于 0.05mm。

7）检查调整气门间隙。

① 确认进气门和排气门，根据气门与所对应的气道确定，注意观察进气歧管对应的气门为进气门；排气歧管对应的气门为排气门。

② 确定第一缸压缩上止点，用转动曲轴观察确定，其操作方法是：确定第一缸，靠近风扇端为头，靠近飞轮端为尾，按气缸排序。然后转动曲轴，观察各气缸的两个气门，先动为排气门，随后动的为进气门，接着就是压缩行程，并在气门上作记号。

③ 使第一缸处于压缩上止点。按上述方法找到一气缸压缩行程后，慢慢摇转曲轴，使一缸上止点记号对齐，此时第一缸活塞所处的上止点位置便是第一缸压缩行程上止点。

④ 气门间隙调整——"二次调整法"。为了方便记忆，把"二次调整法"总结为"双排不进"记忆法。

8）气门检查和调整完毕后，安装气缸盖罩。

9）气门间隙检查调整后，涂上润滑油。

10）安装前后气门室罩垫和气门室罩及通风装置滤清器。

（12）曲轴带轮及扭振减振器的安装

1）将发动机前悬置装于正时齿轮盖的凸缘上。

2）将曲轴带轮清洗干净后，检查其与前油封接触面有无刮伤或损坏，必要时用砂纸打磨。

3）在装于发动机之前与油封接触面应涂上润滑油，之后轻轻推入。

4）把扭振减振器按原位置用螺栓固定。

5）将起动爪螺纹蘸上润滑油拧入曲轴前端螺孔中，紧固力矩 245～295N·m。

（13）其他附件的安装

1）硅油风扇离合器、水泵的安装。

① 将完好的水泵总成及垫装于机体水套处，将螺栓蘸润滑油拧入孔中，并扭紧，注意不要漏装发电机调整支架。

② 装气泵带，两根风扇带。

③ 装上风扇及硅油离合器。

2）润滑油粗滤器总成的安装，将已清洗或更换新滤芯的滤清器总成用紧固螺栓及密封垫固定在机体左侧，注意垫要涂上润滑脂或密封胶。

3）安装离心式转子滤清器总成，方法同粗滤器基本相同。

4）气泵总成的安装。

① 先安装气泵支架于发动机右前侧。

② 将气泵装于支架上并套上气泵带。

③ 调整气泵张紧度，带的挠度在 12.5mm 时，作用力应在 25～45N 范围内，然后将气泵底座固定螺栓扭紧。

④ 连接气泵润滑油管。

5）安装喷油器，按 1—5—3—6—2—4 的顺序接到高压油泵上。

6）空气滤清器和输油泵的安装。

① 装上空气滤清器和支架。

② 连接与其相通的连接管，即连接空气滤清器与通风装置滤清器进气口。

③ 连接通风装置通风阀以及进气歧管机通风装置滤清器出口连接管。

7）输油泵安装。

① 转动曲轴使偏心轮最高点转至背离输油泵安装口。

② 将输油泵垫密封和汽油泵装于螺柱上。

③ 套上平垫弹簧和螺母并扭紧。

8）发电机和起动机的安装。

① 装上发电机并调整好风扇带传紧度，挠度为 12.5mm。

② 将起动机固定在飞轮壳上。

9）其他零件的安装。

① 装放水阀及手柄。

② 安装水温感应塞，气缸盖进水管及节温器和水泵的连接管。

③ 装油压感应塞和油压的警感应管。

④ 安装气缸体侧面水套室盖和垫。

10）离合器总成的安装。

① 将曲轴后端轴承抹入适当润滑脂。

② 将从动盘毂长端朝前装入飞轮处。

③ 将离合器压盘总成对正安装记号。

④ 用变速箱一轴插入从动盘毂花键及曲轴后轴承孔中。

⑤ 均匀交叉地拧紧固定离合器总成的八个螺栓，其扭紧力矩 45～63N·m。

⑥ 拔出变速器一轴。

3. 实施柴油发动机调整与磨合作业

（1）调整基本要求

1）复检零部件、辅助总成，性能试验合格。

2）易损零件、紧固锁止全部更换。

3）严格保持零部件、润滑油道清洁。

4）作好预润滑。

5）不允许互换配合位置的零件应严格按照标记装配。

6）尽量使用专用器具装配。

7）装配间隙必须符合技术要求。

8）电控系统的插头、线柱要清洁，接触可靠。

（2）安装调整顺序

1）安装调整曲轴与轴承。

2）安装调整活塞连杆组。

3）安装调整中间轴。

4）安装调整气缸盖及配气机构。

5）安装调整同步带、供油泵和润滑油泵。

6）安装调整其他附件。

7）发动机总成的装车。

（3）发动机的调试及磨合

1）定型与验证试验。

2）可靠性试验。

3）验收试验。

4）出厂试验。

5）抽查试验。

（4）气缸密封性的检测

1）气缸压力的检测。

2）曲轴箱窜气量的检测。

3）气缸漏气量的检测。

4）气缸漏气率的检测。

5）进气管真空度的检测。

2.4   任务的评估与检查

柴油发动机总成装配、调试和磨合的施工评估与检查，见表7-6。

表7-6   柴油发动机总成装配、调试和磨合的施工评估与检查

专业班级		学号		姓名	
考核项目	柴油发动机总成装配、调试和磨合				
考核项目	评分标准	教师评判		分值	评分
劳动态度（10%）	是否按照作业规范要求实施	是□	否□	10分	
现场管理（30%）	工作服装是否合乎规范	是□	否□	5分	
	有无设备事故	无□	有□	10分	
	有无人身安全事故	无□	有□	10分	
	是否保持环境清洁	是□	否□	5分	
实践操作（50%）	工、量具和物品是否备齐	充分□	有缺漏□	10分	
	检测内容及操作 — 检测操作	正确□	有错漏□	10分	
		熟练□	生疏□	10分	
	检测内容及操作 — 检测数据记录及分析判断			20分	
工作效率（10%）	作业时间是否超时	否□	是□	10分	
合计					

附　　录

附录 A　作业及参考答案

1.1　柴油发动机认识

1. 观察发动机是柴油发动机还是汽油发动机，简述其区别。

答：区别主要靠观察是否有点火系统（火花塞、高压线、点火线圈等）。

2. 观察发动机由几个气缸组成。简述判断方法。

答：判断方法主要是观察喷油器数量、高压油管的数量、进气歧管数量、排气歧管数量。

3. 观察发动机的排列方式。简述判断方法。

答：判断方法主要是观察发动机排列顺序、发动机外形。

4. 观察发动机的冷却方式。简述判断方法。

答：判断方法主要是观察是否有冷却散热器和冷却风扇、发动机外形。

5. 读取该发动机的编号。

6. 解释该发动机编号的含义。

7. 解释发动机的功能作用。

答：燃油（柴油）燃烧热能转变成飞轮的转动动能提供给工程机械使用。

8. 该发动机用于哪些工程机械？具体有哪些吨位或型号？

9. 发动机起吊注意事项有哪些？

答：a. 较重的零部件（25kg 以上）一定要使用起重机吊起。

b. 如果用起重机不能平稳地从机器上吊下零件，应做下列检查：a）检查该部件固定到相关部件的所有紧固件是否拆下。b）检查是否有与要拆卸零件相干扰的零件。

10. 用于起吊该发动机的起重机选用哪些吨位和挡位？

1.2　柴油发动机的解体

1. 观察柴油发动机外部布置并拍照片记录。

2. 观察柴油发动机各个附件组成。熟记其位置和外形并拍照记录。

3. 解释柴油发动机各个附件的功能和作用。

答：a. 水泵：冷却系统的水循环的动力。

b. 交流发电机：用于发电，产生 12V 电源供汽车使用和充电。

c. 驱动带：用于曲轴动力带动其他附件工作。

d. 空气滤清器：过滤空气中的杂质。

e. 涡轮增压器：对进气系统的空气进行压缩。

f. 起动机：用于起动瞬间，带动曲轴转动。

g. 喷油器：用于由低压油产生高压油，通过喷油器喷入气缸。

4. 简述柴油发动机工作的四个工作行程的作用和工作状态。

答：a. 进气行程：进气门打开，排气门关闭，活塞下行，新鲜空气通过进气门被吸入气缸。

b. 压缩行程：进气门关闭，排气门关闭，活塞上行，气缸内的空气被压缩。

c. 做功行程：进气门关闭，排气门关闭，喷油器喷油，混合气燃烧，活塞下行，带动连杆、曲轴转动，对外做功。

d. 排气行程：进气门关闭，排气门打开，活塞上行，燃烧后的废气通过排气门被排出气缸。

2.1　机体组检修

1. 观察发动机的机体组并拍照记录。

2. 观察发动机气缸盖罩并拍照记录，简述其作用。

答：气缸盖罩的作用：防止柴油发动机润滑油外泄。

3. 观察发动机气缸盖并拍照记录，简述气缸盖螺栓拆装顺序及注意事项。

答：把气缸盖螺栓螺纹部分蘸上润滑油后拧入各螺栓孔中；从中间向两端均匀地分 2 ~ 3 次，扭至 100 ~ 120N·m。

4. 观察发动机气缸套并拍照记录。简述其磨损程度和对应的检修方法。

答：发动机气缸套常见故障：气缸套的损坏形式有内表面磨损、裂纹、拉缸、外表面的腐蚀和穴蚀。

a. 裂纹部位：一般发生在应力集中的部位。如气口、布油槽及凸肩等处。

b. 磨损：气缸套磨损的最大位置，大多数柴油发动机气缸套磨损的最大位置是在活塞位于上止点时第一道活塞环所对应的气缸套位置。其原因如下。

a）活塞在上部运动速度较低，不易形成液体动力润滑和油膜。

b）气缸套上部温度高，气缸油易氧化变质、蒸发烧结。

c）气缸套上部压力高，作用在环背上的气体力大，摩擦力大。

d）气缸套上部为燃烧室，燃烧产物所生成的磨料形成颗粒及燃烧产物形成腐蚀磨损。

c. 拉缸。

d. 穴蚀：在气缸套外表面产生的蜂窝状的小孔群损伤。一般发生在筒状活塞柴油机。穴蚀主要是由于振动引起的。

5. 观察发动机气缸体并拍照记录。

2.2 连杆校验

1. 观察该发动机的连杆位置和外形并拍照记录。

_____

_____

2. 简述该连杆的特征和材料。

_____

_____

_____

3. 画图解释连杆的工作受力情况。

答：图见前文图 2-4，此处略。a. 承受周期性变化的气体力、惯性力作用；四冲程发动机的连杆有时受压有时受拉。四冲程发动机在排气行程末期、进气行程初期，连杆受拉（此时惯性力大于气体力）力，其余行程受压力。

b. 与曲柄销、十字头销（活塞销）产生摩擦和磨损。

c. 承受燃气的冲击作用。

4. 简述连杆螺栓的安装注意事项。

答：a. 穿上螺栓拧上螺母，分 2 ~ 3 次均匀将两个螺母扭至 100 ~ 120N·m，摇转曲轴是否灵活，否则应检查排除；重新检查一遍连杆螺母是否达到规定扭矩。

b. 若用开口销锁紧的螺母，当达到规定扭矩后，连杆螺母的开槽与连杆螺栓孔对不上时，切忌不要采用松或紧螺母的方法来解决，可采用调换螺母或将螺母适当磨削，但一定要磨平。

c. 安装后的检查各连杆大端端面与曲轴轴连杆颈端面之间的间隙为 0.17 ~ 0.37mm；用不大于 60N·m 力矩能匀速转动曲轴。

5. 简述连杆轴瓦的安装注意事项。

答：将该气缸的连杆瓦片涂上润滑油并检查瓦片定位凸台与瓦盖凹槽应完整无损，然后装瓦盖使配对记号在同一侧。

2.3 活塞组件检修

1. 画图分析活塞裙部的变形。

答：活塞裙部的变形分为热变形和侧压力变形两种，应具体分析，如附图-1 所示。

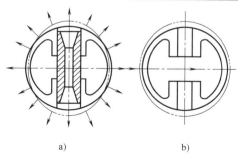

a)   b)

附图-1 活塞裙部的变形

a）热变形 b）侧压力变形

2. 简述该活塞的特征和所用材料。

_____

_____

_____

3. 画图解释活塞的工作受力分析。

答：活塞工作时受到热膨胀、侧压力和气体压力。

4. 简述活塞环和活塞的安装注意事项。

答：a. 将机体侧置，并使配气一侧朝上。

b. 转动曲轴使某两缸曲轴轴颈处于最下，将其中一个轴颈涂抹上润滑油，同时相应气缸套内也要涂上润滑油。

c. 将相应的活塞连杆组的活塞销处、活塞环、连杆上瓦片涂抹上润滑油，使连杆凸台标记朝向发动机前方装入相应的气缸套内。

d. 使活塞环各环口错开120°，并且要避开活塞销孔和侧压力方向。

e. 用活塞环卡子和鲤鱼钳夹紧活塞环，用木棒（或锤把）将其推入气缸套内，使瓦片卡（落）到曲轴的轴颈上。

2.4 曲轴组件检修

1. 观察该发动机的曲轴位置和外形并拍照记录。

_____

_____

2. 简述曲轴的特征，材料。

_____

_____

_____

3. 简述曲轴的安装注意事项。

答：曲轴的装配。

a. 仔细清理曲轴的润滑油道。

b. 将原（或已选配好的）上瓦片置于相应顺序的座孔中。

c. 将瓦片内表面涂以润滑油。

d. 将曲轴轴颈涂上润滑油，并将曲轴抬落在座瓦孔中，注意曲轴上推垫圈（止推片）对正安装位置，以防损坏。

e. 清净主轴瓦盖，装上下瓦片涂润滑油，分别置于相应序号的座孔上，注意轴瓦盖上的小凸台必须朝前，第七道主轴瓦盖装于机体之前在瓦盖左右两端应涂上密封胶。

f. 将螺栓涂上润滑油拧入螺栓孔中，主轴瓦螺栓的扭紧应分2~3次均匀扭至规定扭矩，从中间一道主轴瓦盖开始向两端紧固，其为第一、二、三、五、六道紧固力矩为140~160N·m，第四、七道为100~120N·m。

g. 检查曲轴的轴向间隙。

a）第一主轴瓦的止推垫圈与曲轴轴颈端面之间的间隙为0.15~0.35mm。

b）其他轴颈端面与主轴瓦盖之间的间隙每边不小于0.75mm，若不符，要仔细检查各主轴瓦盖是否有装错，装偏现象等。

h. 检查曲轴转动的灵活性。即用不大于 10N·m 力矩应匀速转动曲轴，若大于此值时，要卸下轴瓦盖重新检查，是否有的轴瓦间隙过小，或不净等，必要时检查曲轴的不同程度是否大于 0.05。

i. 安装曲轴后封（100mm×125mm×12mm）。若油封外圆为胶质，则装时在外圆上涂以润滑油；为钢质，则涂以密封胶，并在唇口均匀涂抹润滑油或润滑脂，然后从曲轴后端套入，再用专用工具装入油封座中，不得歪斜。

j. 将油封挡片紧固在气缸体上。

k. 认真地将第七道主轴瓦盖填料（密封条）打入槽内，要打到底，然后将凸出的填料修整与轴瓦盖平齐。

4. 简述曲轴的润滑方式。

答：压力润滑、飞溅润滑和喷油润滑。

3.1 配气机构认识

1. 观察该发动机的配气机构的位置、形式和外形。拍照记录

_____

_____

2. 简述配气机构的组成部件及其工作原理并拍照记录。

答：a. 柴油发动机配气机构总体组成：由凸轮轴、挺柱、推杆、摇臂轴、摇臂、弹簧座、气门弹簧、气门、气门导管等组成。

b. 柴油机配气机构的功能作用是：根据气缸的工作次序，定时开启或关闭进气门和排气门，以保证气缸吸入新空气和排出废气。

c. 四冲程发动机每完成一个工作循环，各缸的进、排气门需要开闭一次，即需要凸轮轴转过一圈，而曲轴需要转两圈。曲轴转速与凸轮轴转速之比（传动比）为 2:1。

3. 简述配气机构的拆装注意事项

答：摇臂轴总成的安装。

a. 应将气门调整螺钉退出至最高位置，以免在扭紧摇臂支架螺栓时顶弯推杆。

b. 将推杆两端蘸上润滑油后，按原位置装进推杆孔，并要保证落到挺杆的球面窝座内。

c. 把气门帽装在涂过润滑油的气门杆端部。

d. 将上述摇臂轴总成安装到气缸盖上，由定位环保证其他装位置。

e. 将螺栓螺纹部分涂上润滑油旋入两定位环孔的紧固螺栓，再旋入其余螺栓，M8 的螺栓紧固力矩为 20~3N·m，M10 的螺栓紧固力矩为 30~40N·m。

f. 安装前后气门室罩垫和气门室罩及通风装置滤清器。

4. 简述配气机构的检查项目

答：a. 同时检查各摇臂应转动灵活，摇臂两端与摇臂轴支座间轴向间隙应小于 0.05mm。

b. 检查调整气门间隙：进气门间隙为 0.2mm，排气门为 0.25mm，气门与摇臂之间间隙为气门间隙。

d. 首先松开气门调整螺栓紧固螺母后，将原塞尺插入摇臂与气门帽之间，旋转气门调

整螺栓达到标准，同时锁紧螺母，然后再进行检查是否合格。

e. 六缸在上止点时，检查调整 3、6、7、10、11、12 气门间隙，其方法同上：气门间隙检查调整后，涂以润滑油。

3.2　气门组件检修

1. 观察该发动机的气门组的位置、形式和外形。拍照记录

2. 简述气门组的组成部件并拍照记录。

答：气门组件的结构组成：由气门、气门座、气门导管、油封、气门弹簧、气门锁夹等零件组成。

3. 简述气门组件的拆装注意事项。

a. 挺杆导向体和挺杆的安装。

b. 将挺杆涂以润滑油放入原挺杆导向体的孔内，根据导向体上的前后记号分别将装有导向体总成用定位环和螺栓安装在缸体的相应位置上，均匀地紧固，紧固力矩为 70 ~ 80 N·m。

c. 将挺杆室盖板和密封圈用螺栓及螺栓密封圈总成拧紧在机体上。

4. 简述气门组件的检查项目。

答：检查所有挺杆是否能上下移动和灵活转动。

3.3　配气驱动机构检修

1. 观察该发动机的配气传动组的位置、形式和外形并拍照记录。

2. 简述配气传动组的组成部件并拍照记录。

答：配气传动机构的功能作用：使进、排气门能按配气相位规定的时刻开闭，且保证有足够的开度。配气传动机构的结构由正时齿轮、凸轮轴、挺柱、推杆、摇臂组等部件组成。

3. 简述凸轮轴的拆装注意事项。

答：凸轮轴的安装。

a. 检查止推突缘与凸轮轴第一道轴颈之间的间隙为 0.08 ~ 0.208mm，否则应修整或更换凸缘。

b. 若正时齿轮盖定位环拆（掉）下，应将定位环压入气缸体前端，必须保证定位环完好。

c. 先后将正时齿轮室垫板的密封垫，正时齿轮盖垫板套在缸体前端的定位环上，并用靠近凸轮轴孔侧两个螺栓紧固在气缸体上。

d. 将凸轮轴各正轮、支承轴颈，分电器驱动齿轮和凸轮轴衬套涂上润滑油，把凸轮轴装入衬套内。

e. 转动曲轴和凸轮轴，使正时齿轮的正时记号与曲轴齿轮的记号重合在两轴中主的连线上。

f. 把凸轮轴总成推入缸体衬套孔内；

4. 简述凸轮轴的检查项目

答：检查凸轮轴安装是否正确，即将曲轴的一、六道连杆轴颈转至上止点时，观察凸轮轴的一、六缸凸轮应该呈上"八"字与下"八"字，如一缸两凸轮呈上"八"字，六缸两凸轮就应该呈下"八"字，否则就应重新安装核对记号，必要时可重新打上记号；校对记号后，用两螺栓将凸轮轴止推突缘固定在气缸体前端面上，紧固力矩为 20 ~ 25N·m。

3.4 涡轮增压系统检修

1. 简述涡轮增压系统的安装位置、外形并拍照记录。

_____

_____

_____

2. 简述涡轮增压系统的作用与工作原理。

答：废气涡轮增压器是由废气涡轮和压气机两部分组成。涡轮增压器一般都采用离心式压气机。根据其涡轮的型式可分为轴流式涡轮增压器和径流式涡轮增压器。轴流式涡轮增压器用于大功率柴油发动机，径流式涡轮增压器用于功率较小的柴油发动机。

废气涡轮增压器的工作原理当发动机排出的具有一定压力的高温废气经涡轮壳进入喷嘴环，高温高速的废气气流冲击涡轮，使涡轮高速旋转；这时与涡轮同装在一根转子轴上的压气机叶轮也以相同的速度，高速旋转的压气机叶轮把空气甩向叶轮的外缘，使其速度和压力增加，使空气压力继续升高，高压空气流经发动机进气管，进入气缸与更多的燃油混合燃烧，以保证发动机发出更大的功率。

3.5 气门间隙调整

1. 解释气门间隙和标准。

答：气门间隙是指调整螺钉与气门杆之间的间隙。一般在汽车发动机冷态时检查调整，进气门间隙为 0.2 ~ 0.25mm、排气门间隙为 0.25 ~ 0.30mm。具体调整时根据各车维修手册确定调整气门间隙大小。

调整气门间隙之前首先要确认各气缸的进、排气门，然后找到第一缸压缩行程上止点位置。

2. 解释气门间隙的检测方法和调整方法。

答：a. 第一步 进气门和排气门的确认。

b. 第二步 第一缸压缩上止点的确定。

c. 第三步 使第一缸处于压缩上止点。

d. 第四（1）步气门间隙两次检调法。

e. 第四（2）步逐缸检调法。

4.1 供油系统认识

1. 简述拆装发动机的供油系统的类型、外形并拍照记录。

_____

_____

2. 简述此供油系统的零件组成并拍照记录。

答：柴油发动机燃料供给系的功用是根据发动机的要求，从燃油箱抽出柴油并提高压力成高压油，定时、定量、定压向气缸内喷入雾化的柴油，与高温高压的气体燃烧做功。柴油发动机燃料供给系包括燃油箱、输油泵、油路滤清器、低压油管、高压油管、高压油泵、喷油器、回油管等组成。

3. 解释供油泵的详细工作原理。

答：a. 吸油过程：当凸轮轴上的凸轮突起部分为顶动柱塞时，出油阀关闭；柱塞在柱塞弹簧的压力下向下移动，泵腔容积增大，压力降低。待柱塞套上油孔敞开时，再泵腔内外压力差的作用下柴油流入并充满泵腔（图7-16a），直到柱塞运动到最低位置为止。

b. 压油过程：随着凸轮轴的转动，凸轮在克服柱塞弹簧张力的同时，向上顶动柱塞。在柱塞头部工作面遮蔽柱塞套上的油孔前，泵腔内的一部分柴油又被压回低压腔；待油孔被遮蔽、泵腔密封后，随着柱塞上移，泵腔内的油压逐渐升高，当泵腔油压超过高压回油管内剩余压力与出油阀弹簧压力之和时，出油阀芯便开始上升，泵腔与高压油管内的油压随着上升；当出油阀上的减压带离开出油阀时，泵腔内的高压柴油便流入高压油管。

c. 柱塞的有效行程随柱塞的转动而改变。其最小位置时，柱塞不能遮蔽进油孔，喷油泵处于不供油状态。在压油过程中，柱塞头部遮蔽油孔（即供油开始时刻）所对应得上止点前的曲轴转角，称为供油提前角；柱塞斜槽与柱塞套油孔想通时为供油终止时刻。

d. 停止压油：待柱塞向上运动到斜槽与柱塞套上的油孔想通时，泵腔内的高压柴油便开始从柱塞的竖孔、横孔、斜槽及柱塞套上的油孔流回低压腔。

4.2　供油系统故障检修

1. 解释调速器的详细工作原理。

答：a. 调速器的作用是根据发动机的工况控制喷油泵的供油量，稳定发动机怠速及防治发动机超速。按其功能可分为两速和全速调速器。

b. 两速调速器只控制最低和最高转速。在最低和最高转速之间，调速器不起作用，此时柴油机转速是有驾驶员通过加速踏板直接操纵喷油泵油量调节机构来实现的。为一般条件下行驶的汽车柴油机所装用，以保持怠速运转稳定及防治高速运转时超速飞车。

c. 全速调节器不紧能控制柴油机最低和最高转速，而且能控制从怠速到最高限制转速范围内任何转速下的喷油量，以维持柴油发动机在任一给定转速下稳定运转。

2. 解释共轨系统的详细工作原理。

答：a. 改变了传统燃油供给系统的组成和结构，主要以电控共轨式喷油系统为特征，直接对喷油器的喷油量、喷油正时、喷油速率和喷油规律、喷油压力等进行时间-压力控制。共轨喷油系统的低压供油部分包括：燃油箱（带有滤网）、输油泵、燃油滤清器及低压油管。

b. 共轨喷油系统的高压供油部分包括：带调压阀的高压泵、高压油管、作为高压存储器的共轨（带有共轨压力传感器）、限压阀和流量限制器、喷油器、回油管。

5.1　润滑系统认识

1. 柴油发动机的润滑系统组件有哪些？

答：柴油发动机的润滑系统组件有润滑油道、润滑油泵、润滑油滤清器、油底壳和一些阀门等。

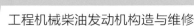

2. 解释润滑油泵的作用。判断润滑油泵的类型。解释工作原理。

答：a. 润滑油泵的作用是将一定压力和一定数量的润滑油压供到润滑表面。

b. 齿轮泵：润滑油泵的进油口通过进油管与集滤器相通。出油口的出油道有两个：一个在壳体上与曲轴箱的主油道相通，这是主要的一路；另一个在泵盖上用油管与细滤器相通。

c. 转子泵：特点：转子式润滑油泵结构紧凑，吸油真空度高，泵油量大，当泵的安装位置在机体外或吸油位置较高时，用转子式润滑油泵尤为合适。

3. 解释该发动机的润滑油路。

_____

_____

_____

_____

5.2　润滑系统检修

1. 润滑系统的作用有哪些？

答：润滑系统的作用包括润滑作用、清洁作用、冷却作用、密封作用、防蚀作用。

2. 柴油发动机的润滑油等级类型有哪些？

答：无论是国产润滑油还是进口润滑油基本都与国际通用标准一致。以下为润滑油粘度分类。

a. 高温型（如 SAE20-SAE50）：其标明的数字表示 100℃ 时的粘度，数字越大粘度越高。

b. 低温型（如 SAE0W-SAE25W）：W 是 WINTER 冬天的缩写，表示仅用于冬天，数字越小粘度越低，低温流动性越好。

c. 全天候型（如 SAE15W/40；10W/40；5W/50）：表示低温时的粘度等级分别符合 SAE15W、10W、5W 的要求，高温时的粘度等级分别符合 SAE40、50 的要求，属于冬夏通用型。

3. 柴油发动机润滑油的选用应该注意哪些事项？

答：针对不同发动机选择内燃润滑油种类，柴油润滑油，汽油润滑油不可混用，汽、柴通用润滑油则可通用于汽油和柴油发动机。选择油品的质量等级，应尽量选择高质量等级油品，油品粘度等级要选择适当，在选购润滑油时，要注意以下几点：

a. 看商标及条形码，是否有权威部门的认证如 ISO-9002 等认证购买品牌润滑油。

b. 价格适中，并非价格越高越好。

c. 严格按照出厂说明书规定等级选油，质量等级可高不可低。

d. 要根据发动机生产年代，工作条件选油，20 世纪 80 年代汽油发动机，压缩比高的选择 SF 级以上的汽油润滑油；高速高负荷增压柴油机选择 CD 级以上的柴油润滑油；中负荷低压或自然吸气式柴油发动机选择 CC 级以上的柴油润滑油；近年来生产的汽油发动机、柴油发动机应分别选用 SJ/CF-4 以上级别的内燃润滑油。

e. 在粘度上要根据车辆使用环境和工况及发动机新旧磨损程度选用。新发动机选择粘度较小的，磨损严重的选择粘度较大的润滑油。

f. 尽量选择全天候型润滑油。

6.1   冷却系认识

1. 冷却系统的作用有哪些？

答：柴油机冷却系统的功能作用是避免发动机零件受热膨胀，造成相对运动零件之间的间隙减小而卡死，或润滑油失效，过热还会降低零件的机械强度。以及使发动机进气效率下降，功率降低，引起爆燃或表面点火。

2. 冷却系统的循环形式有哪些？

答：a. 当冷却液温度大于86℃时，水冷却系统中的冷却液经水泵→水套→节温器→散热器，又经水泵压入水套的循环，其水流经过的路线长，散热强度大，称为水冷却系的大循环。当发动机水温较高，节温器阀门将大循通道开启，小循通道关闭；发动机处于大循环散热过程。

b. 当冷却液温度小于76℃时，水冷却系统中的冷却液经水泵→水套→节温器后不经散热器，而直接由水泵压入水套的循环，其水流经过的路线短，散热强度小，称为水冷却系的小循环。当发动机水温较低时，节温器阀门将大循环通道关闭，将小循环通道打开，发动机处于小循环散热过程；一般应用于发动机暖机过程。

c. 当冷却液温度处于76~86℃时，发动机水温逐步增高，节温气阀门将大循环通道部分开启，小循环通道部分关闭；发动机小循环、大循环同时工作。

3. 冷却系的零件组成有哪些？

答：发动机的冷却系为强制循环水冷却系统，由水泵、散热器、冷却风扇、节温器、补偿散热器、发动机机体和气缸盖中的水套以及其他附属装置等组成。

6.2   冷却系检修

1. 防冻液的功用有哪些？

答：防冻液的功用为防止在冬季寒冷地区，因冷却液结冰而发生散热器、气缸体、气缸盖变形或胀裂的现象，在冷却液中加入一定量的防冻液以达到降低冰点、提高沸点的目的。其优点是提高冷却液的防冻能力和防沸的能力。

2. 冷却系的常见故障有哪些？

答：a. 冷却液温度过高（发动机过热）。

b. 冷却液温度过低或升温缓慢。

c. 冷却液消耗过多。

附录 B   本课程相关网络资源

1. 柳州职业技术学院—精品课程—汽车发动机检修—课程网站

——http://edu.lzzy.ner/ec2006/C137/kechengwamgzhan/index.asp

2. 广西交通职业技术学院—精品课程—汽车发动机构造与维修—网络课堂

——http://219.159.83.5/jdjpkd_new/index.asp

3. 辽宁省交通高等专科学校—精品课程—发动机机械系统故障诊断与修理—网络课堂

——http://210.82.57.188:8001/LF005/default.aspx

参 考 文 献

［1］ 杜运普，刘显玉. 工程机械发动机构造与维修［M］. 北京：机械工业出版社，2012.

［2］ 陈家瑞. 汽车构造［M］. 北京：机械工业出版社，2009.

［3］ 孙建新. 船舶柴油机［M］. 北京：人民交通出版社，2006.

［4］ 徐家龙. 柴油机电控喷油技术［M］. 2 版. 北京：人民交通出版社，2011.

［5］ 黄政. 船舶柴油机装配与调试（国防特色教材. 职业教育）［M］. 哈尔滨：哈尔滨工程大学出版社，2010.

［6］ 李人宪. 车用柴油机［M］. 北京：中国铁道出版社，2010.

［7］ 王定祥. 现代工程机械柴油机［M］. 北京：机械工业出版社，2005.

［8］ 赵常复，韩进. 工程机械检测与故障诊断［M］. 北京：机械工业出版社，2011.

［9］ 张凤山. 康明斯柴油机结构与维修［M］. 北京：机械工业出版社，2013.

［10］ 蒋世忠，王凤喜. 柴油机的结构原理与维修［M］. 北京：机械工业出版社，2013.

［11］ 宋福昌. 康明斯 ISM/QSM 电控柴油机故障诊断与排除［M］. 北京：机械工业出版社，2012.

［12］ 王福根. 船舶柴油机及安装［M］. 2 版. 哈尔滨：哈尔滨工程大学出版社，2011.

［13］ 李波. 挖掘机康明斯电喷柴油机构造与拆装维修［M］. 北京：化学工业出版社，2012.

［14］ 许炳照. 工程机械柴油发动机构造与维修［M］. 北京：人民交通出版社，2011.

［15］ 王增林. 工程机械发动机构造与维修［M］. 北京：电子工业出版社，2008.